mentor Abiturhilfe

Mathematik

Oberstufe

Endspurt zum Abitur

Original-Prüfungsaufgaben
mit Lösungsweg und Musterlösungen

Olaf Schneider

Analysis, Stochastik, analytische Geometrie

mentor
Eine Klasse besser.

Redaktion: Dr. Hans-Peter Waschi

Mathematische Abbildungen: Dr. Hans-Peter Waschi, Holzkirchen

Illustrationen: Henning Schöttke, Kiel

Layout: Barbara Slowik, München

Umweltinweis: Gedruckt auf chlorfrei gebleichtem Papier.

Druck: Mercedes-Druck, Berlin
Printed in Germany
www.mentor.de

ISBN 978-3-580-63655-5

4. 5. 6. 7. 10 09 08 07

Inhalt

Benutzerhinweise 4

Vorwort 5

A Analysis 6

1. Tangente und Punkte der e-Funktion 6
2. Polstellen, Tangenten, Flächeninhalte 12
3. Ganzrationale Funktionen – ganz Normal(e) 17
4. Annäherungen an eine Fläche 24
5. Uneigentliches Integral; Zerfall und Wachstum 30
6. Logarithmische Krümmung mit Terrasse 37
7. Eigenschaften von Funktionenscharen 42
8. Logarithmus mit l'Hospital und Integral 49
9. Integralfunktion und Rotationskörper 56
10. Integralfunktion, Umkehrfunktion, Flächenvergleich 62

G Analytische Geometrie 70

1. Ebenen und Geraden; Strecken und Winkel 70
2. Windschiefe Geraden und Durchstoßpunkt 75
3. Würfel mit Innenleben 79
4. Symmetrie; Pyramidenvolumen 84
5. Schnittgeraden, Kugeln, Tangentialebenen 90
6. Alles über Kugeln 98
7. Geradenmengen und Ebenenmengen 105
8. Jede Menge Abstände und eine Kugelschar 111
9. Villa mit Antenne und Torbogen 116
10. Geometrische Orte von jeder Sorte 122

S Stochastik 130

1. Fahrten zur Arbeit oder in den Stau 130
2. Spielen mit dem Erwartungswert 134
3. Marketing-Mathematik 139
4. Ein fast normalverteiltes Fest 145
5. Entscheidungsregeln für die Gastronomie 150

Quellenverzeichnis 158

Stichwortverzeichnis 159

Benutzerhinweise

In der Randspalte gibt es einige Zeichnungen immer wieder:

Merke	Merke	Tipp	Tipp
!	Achtung		

Vorwort

Liebe Schülerin, lieber Schüler,

mit diesem Band „Endspurt zum Abitur" können Sie sich intensiv auf die Abiturprüfung in Mathematik vorbereiten. Er versteht sich als Übungsmaterial für Schüler aller Bundesländer und ist gleichermaßen für Grund-, Leistungs- und ähnliche Kurse geeignet.

Ziel dieses Buches ist das umfassende Training gängiger Abituraufgabentypen. Dabei möchten wir nicht nur fertige Musterlösungen präsentieren, sondern Ihnen darüber hinaus in kleinen und nachvollziehbaren Schritten den Weg dorthin aufzeigen. Durch zahlreiche Kommentare, Tipps und Hinweise begleiten wir Sie von Anfang an auf dem Weg zum richtigen Ergebnis.

Durch die Vielzahl unterschiedlicher Aufgaben aller Schwierigkeitsgrade wenden wir uns gleichermaßen an schwächere und starke Schüler. Auch für Letztere stellen die einfacheren Aufgaben eine sinnvolle Übungsmöglichkeit dar, um zusätzliche Sicherheit beim Lösen verschiedener Aufgabentypen zu gewinnen.

Bei der Zusammenstellung der Aufgaben wurden die Vereinbarungen der Konferenz der Kultusminister über einheitliche Anforderungen in der Abiturprüfung berücksichtigt. Auf diese Weise geben die verwendeten Originalaufgaben einen repräsentativen Überblick über die für das Abitur wichtigen Themengebiete.

Das Buch enthält drei große Teile: Analysis, analytische Geometrie und Stochastik. Da die Stochastik nicht überall und auf jeder Leistungsstufe gleichermaßen relevant für das Abitur ist, fällt dieser Teil kürzer aus.

Natürlich kann dieser Band keine systematische Lernhilfe für den gesamten Stoff der Oberstufe sein. Dafür empfehlen wir die entsprechenden Bände der mentor Abiturhilfen für Mathematik in der Oberstufe (Bände 645 – 650).

Wir wünschen Ihnen viel Spaß und Erfolg mit diesem Band und alles Gute für Ihre Abiturprüfung!

Verfasser und Verlag

A Analysis

1. Tangente und Punkte der e-Funktion

1.1 Aufgabenstellung

Gegeben ist die Funktion f durch $y = f(x) = \frac{9x}{e^x}$, $x \in \mathbb{R}$.

Der Graph sei mit G bezeichnet.

Extrempunkt

a) Zeigen Sie, dass der Koordinatenursprung O ein Punkt des Graphen G ist.

Ermitteln Sie Art und Lage des lokalen Extrempunktes des Graphen G.

Zeichnen Sie den Graphen G im Intervall $-0{,}5 \leqq x \leqq 6$.

Tangentengleichung

b) Im Punkt $P(2\,|\,f(2))$ soll die Tangente t an den Graphen G gelegt werden. Sie schneidet die x-Achse im Punkt Q und die y-Achse im Punkt R. Ermitteln Sie eine Gleichung der Tangente t und bestimmen Sie die Koordinaten des Punktes Q.

Eine Parallele zur y-Achse durch den Punkt P schneidet die x-Achse im Punkt T.
Weisen Sie nach, dass sich die Maßzahlen der Flächeninhalte der Dreiecke OTP, OPR und OQR wie $1:2:4$ verhalten.

Flächenmaximierung

c) Die Punkte $S\,(u\,|\,f(u))$, $V(u\,|\,0)$, mit $u > 0$, und $O(0\,|\,0)$ bilden jeweils ein Dreieck SOV. Genau eines dieser Dreiecke hat einen maximalen Flächeninhalt.
Ermitteln Sie die Koordinaten des Punktes S für diesen Fall.

Lösungsweg

Der Koordinatenursprung *O* liegt auf *G*.

a)

O liegt auf *G*, da die *Punktprobe* $f(0) = 0$ erfüllt ist: $f(0) = \frac{9 \cdot 0}{e^0} = \frac{0}{1} = 0$

Extrempunkt von *G*

Ableitungen

Wir formen zuerst den Funktionsterm um, sodass beim Differenzieren die (etwas einfachere) Produktregel statt der Quotientenregel angewendet werden kann:

$$f(x) = 9xe^{-x}$$

> Wird bei der Ableitung von Exponentialfunktionen die Produktregel verwendet, dann ist es danach sinnvoll, den Exponentialterm auszuklammern.
> Diese Darstellung der Ableitung ist prägnanter und erleichtert die weitere Arbeit (beispielsweise nochmaliges Ableiten oder die Berechnung von Extrem- und Wendepunkten).

Tipp

Es folgt für die Ableitungen:

$$f'(x) = 9e^{-x} + (-1) \cdot e^{-x} \cdot 9x \qquad f''(x) = -9 \cdot e^{-x} + (-1)e^{-x}(9 - 9x)$$

$$f'(x) = (9 - 9x)e^{-x} \qquad f''(x) = (9x - 18)e^{-x}$$

Notwendige Bedingung für Extrempunkte

$$\begin{aligned} f'(x) = 0: \quad (9 - 9x)e^{-x} &= 0 \qquad |: e^{-x} \quad (\neq 0) \\ 9 - 9x &= 0 \\ x &= 1 \end{aligned}$$

Hinreichende Bedingung für Extrempunkte

Wegen $f''(1) = (9 \cdot 1 - 18)e^{-1} = -9e^{-1} < 0$ hat f an der Stelle $x = 1$ ein lokales Maximum mit dem Funktionswert: $f(1) = 9 \cdot 1 \cdot e^{-1} = \frac{9}{e} \approx 3{,}31$

Damit erhalten wir den Hochpunkt $H(1 \mid 9e^{-1})$.

Graph von G

Da die bisherigen Resultate für eine Skizze noch nicht ausreichen, legen wir eine Wertetabelle an:

x	$f(x)$
–0,5	–7,42
0	0
1	3,31
2	2,44
3	1,34
4	0,66
5	0,30
6	0,13

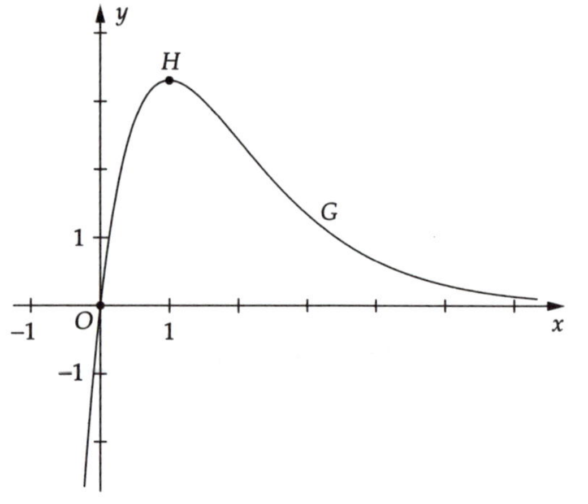

b)

Gleichung der Tangente

Merke

> Die Gleichung der Tangente t an den Graphen einer Funktion f im Punkt $P(x_0 | f(x_0))$ hat die (nach y aufgelöste) Punkt-Steigungsform:
>
> $t\colon\ y = f'(x_0) \cdot (x - x_0) + f(x_0)$

Für die Tangente t im Punkt P folgt also mit $f(2) = 18e^{-2}$ und $f'(2) = -9e^{-2}$:

$$
\begin{aligned}
t\colon y &= f'(2) \cdot (x-2) + f(2) \\
y &= -9e^{-2}(x-2) + 18e^{-2} \\
y &= -9e^{-2}x + 36e^{-2} \qquad (y \approx -1{,}22x + 4{,}87)
\end{aligned}
$$

Bestimmung von Q

Q ist der Schnittpunkt von t mit der x-Achse:

$$
\begin{aligned}
-9e^{-2}x + 36e^{-2} &= 0 \\
x &= 4 \\
\Rightarrow \quad Q(4 | 0)
\end{aligned}
$$

Flächenverhältnis der Dreiecke *OTP*, *OPR* und *OQR*

Fläche von *OTP*

Mit der Grundseite $g = \overline{OT} = 2$ und der Höhe $h_g = \overline{TP} = f(2) = 18e^{-2}$ folgt:

$$A_{OTP} = \frac{1}{2} \cdot g \cdot h_g = \frac{1}{2} \cdot 2 \cdot 18e^{-2}$$

$$A_{OTP} = 18e^{-2}$$

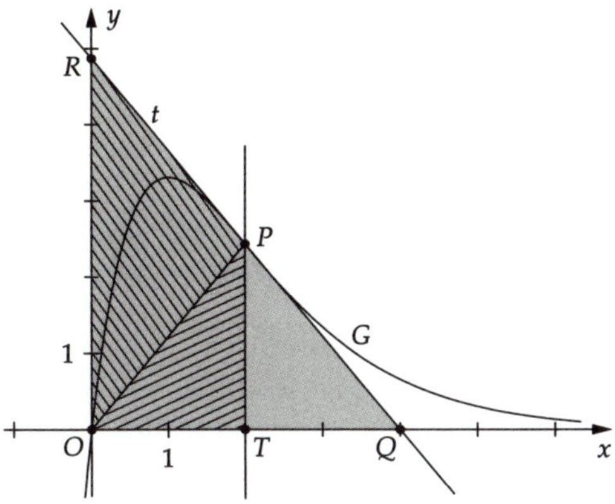

Fläche von *OPR*

Wir wählen als Grundseite $g = \overline{OR}$. Da R der Schnittpunkt der Tangente t mit der y-Achse ist, ist $\overline{OR}$ der y-Achsenabschnitt in der Tangentengleichung von t: $\Rightarrow$ $\overline{OR} = 36e^{-2}$

Mit $h_g = \overline{OT} = 2$ folgt dann: $A_{OPR} = \frac{1}{2} \cdot 36e^{-2} \cdot 2$

$$A_{OPR} = 36e^{-2}$$

Fläche von *OQR*

Mit $\overline{OQ} = 4$ als Grundseite und $\overline{OR} = 36e^{-2}$ als Höhe des Dreiecks erhalten wir:

$$A_{OQR} = \frac{1}{2} \cdot 4 \cdot 36e^{-2}$$

$$A_{OQR} = 72e^{-2}$$

Damit gilt für die Fläche der Dreiecke:

$$A_{OQR} = 2 \cdot A_{OPR} = 4 \cdot A_{OTP} \quad \Leftrightarrow \quad A_{OTP} : A_{OPR} : A_{OQR} = 1:2:4$$

c)

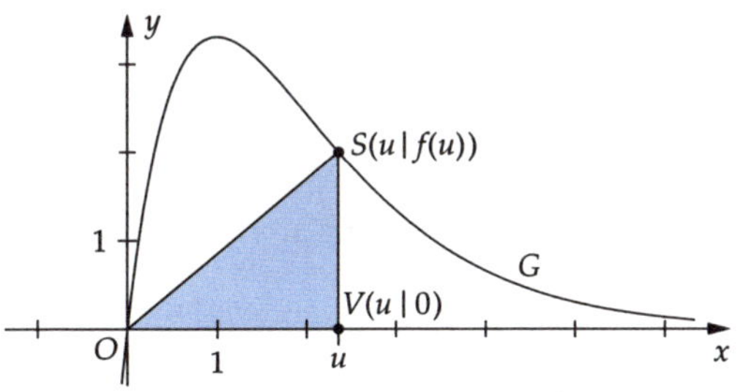

Durch jede Wahl von $u > 0$ sind die Punkte $S(u \,|\, f(u))$ und $V(u \,|\, 0)$ *eindeutig* festgelegt und bilden mit $O(0 \,|\, 0)$ das Dreieck SOV.
Wählen wir als Grundseite des Dreiecks die Strecke $\overline{OV} = u$, dann ist die

Höhe gegeben durch $\overline{VS} = f(u) = 9u\,e^{-u}$.
Damit erhalten wir eine von u abhängige *Flächenfunktion* $A(u)$ für das Dreieck:

$$A(u) = \frac{1}{2}\,\overline{OV} \cdot \overline{VS} = \frac{1}{2}\,u \cdot 9u\,e^{-u} \quad \Rightarrow \quad A(u) = \frac{9}{2}\,u^2 e^{-u}$$

Extremum

Aus der Aufgabenformulierung *„genau eines* dieser Dreiecke" geht hervor, dass es um das *globale* Maximum der Funktion $A(u)$ geht. Wir bestimmen dieses, indem wir zunächst nach dem üblichen Formalismus den lokalen Extremwert bestimmen. Danach vergleichen wir das berechnete lokale Extremum mit den Randwerten, um zu zeigen, dass es tatsächlich ein globales (und somit das gesuchte) Extremum ist.

Ableitungen

Mit der Produkt- und Kettenregel ergibt sich:

$$A'(u) = \frac{9}{2} \cdot 2u \cdot e^{-u} + (-1) \cdot e^{-u} \cdot \frac{9}{2}\,u^2$$

$$A'(u) = \left(9u - \frac{9}{2}\,u^2\right) e^{-u}$$

$$A''(u) = \left(9 - \frac{9}{2} \cdot 2u\right) e^{-u} + (-1) \cdot e^{-u} \cdot \left(9u - \frac{9}{2}\,u^2\right) = \left(9 - 9u - 9u + \frac{9}{2}\,u^2\right) e^{-u}$$

$$A''(u) = \left(\frac{9}{2}\,u^2 - 18u + 9\right) e^{-u}$$

Notwendige Bedingung für Extremwerte

$$A'(u) = 0: \quad \left(9u - \frac{9}{2}\,u^2\right) e^{-u} = 0 \qquad |:e^{-u} \quad (\neq 0)$$

$$-\frac{9}{2}\,u^2 + 9u = 0$$

Tipp

> Lösen Sie quadratische Gleichungen, in denen das Absolutglied fehlt, nicht mit der Lösungsformel, sondern klammern Sie die Variable aus!
> Die Lösungen ergeben sich dann sofort aus dem Satz vom Nullprodukt.

Wir tun das und erhalten: $u\left(-\frac{9}{2}\,u + 9\right) = 0 \quad \Leftrightarrow \quad u = 0$ oder $9 - \frac{9}{2}\,u = 0$

$u = 0$ oder $u = 2$

Mit der Voraussetzung $u > 0$ ist $u = 2$ die einzige Lösung.

Hinreichende Bedingung

Wegen $A''(2) = \left(\frac{9}{2} \cdot 2^2 - 18 \cdot 2 + 9\right) e^{-2} = -9e^{-2} < 0$ hat $A(u)$ für $u = 2$ ein lokales Maximum.

Vergleich mit den Randwerten

Lokales Extremum: $A(2) = 18e^{-2} \approx 2{,}44$

Randwerte: $\lim\limits_{u \to 0} A(u) = \frac{9}{2} \cdot 0^2 \cdot e^{-0} = 0$

$\lim\limits_{u \to \infty} A(u) = \lim\limits_{u \to \infty} \frac{9u^2}{2e^u} = 0$ (e^u wächst schneller als jede Potenz von u.)

Damit ist das lokale Extremum bei $u = 2$ ein globales Maximum und S hat die Koordinaten $S(2 \mid f(2))$ bzw. $S(2 \mid 18e^{-2})$.

2. Polstellen, Tangenten, Flächeninhalte

2.1 Aufgabenstellung

Gegeben ist die Funktion f durch $y = f(x) = \dfrac{(x-1)^2}{x}$, $\quad x \in \mathbb{R},\ x \neq 0.$

Ihr Graph sei mit G bezeichnet.

Randwerte, Extrempunkte

a) Untersuchen Sie die Funktion f auf Null- und Polstellen, auf ihr Verhalten für $x \to \pm\infty$ sowie den Graphen G auf Extrempunkte und bestimmen Sie gegebenenfalls deren Lage und Art.

Zeichnen Sie den Graphen G im Intervall $-6 \leqq x \leqq 6$.

Tangenten

b) Im Punkt $P(-4\,|\,f(-4))$ wird an den Graphen der Funktion f eine Tangente t_1 gelegt.
Zeigen Sie, dass diese Tangente die y-Achse im Punkt $S\,(0\,|-2{,}5)$ schneidet.

Es existiert an den Graphen G genau eine Tangente t_2, die zur Tangente t_1 parallel verläuft. Ihr Berührungspunkt mit dem Graphen G sei der Punkt Q.
Ermitteln Sie die Koordinaten des Punktes Q.

[Ergebnis zur Kontrolle: $Q(4\,|\,2{,}25)$]

Flächenberechnung

c) Eine Gerade schneide den Graphen G in den Punkten Q (aus Teilaufgabe b)) und $R(0{,}25\,|\,2{,}25)$. Diese Gerade und der Graph G schließen eine Fläche vollständig ein.
Berechnen Sie die Maßzahl des Inhalts dieser Fläche.

Lösungsweg

2.2

Nullstellen

a)

$f(x) = 0: \quad \frac{(x-1)^2}{x} = 0 \qquad | \cdot x$

$(x-1)^2 = 0 \quad \Rightarrow \quad x = 1$ ist Nullstelle von f: $N(1|0)$

Polstellen

Eine Definitionslücke x_0 einer gebrochenrationalen Funktion $f(x) = \frac{p(x)}{q(x)}$ ist eine Polstelle (Unendlichkeitsstelle), wenn für den Zähler gilt: $p(x_0) \neq 0$
An dieser Stelle befindet sich dann eine senkrechte Asymptote (oder auch „Polasymptote") mit der Gleichung $x = x_0$.

Merke

Der Zähler von $f(x)$ nimmt an der Definitionslücke $x_0 = 0$ den Wert 1 an, es liegt also bei $x = 0$ eine Polstelle vor.

Verhalten für $x \to \pm\infty$

Ist der Zählergrad (die höchste im Zähler vorkommende Potenz von x) einer gebrochenrationalen Funktion $f(x) = \frac{p(x)}{q(x)}$ größer als der Nennergrad, dann gilt für $x \to \pm\infty$:

$f(x) \to +\infty$	falls	$p(x) \to +\infty$	und	$q(x) \to +\infty$	bzw.
		$p(x) \to -\infty$	und	$q(x) \to -\infty$	
$f(x) \to -\infty$	falls	$p(x) \to +\infty$	und	$q(x) \to -\infty$	bzw.
		$p(x) \to -\infty$	und	$q(x) \to +\infty$	

Dabei hängt das Vorzeichenverhalten von $p(x)$ und $q(x)$ für $x \to \pm\infty$ jeweils nur von dem Term mit der höchsten Potenz von x ab.

Merke

Der Zähler $(x-1)^2 = x^2 - 2x + 1$ hat den Grad 2 und der Nenner den Grad 1.
Damit gilt für $x \to \pm\infty$: $f(x) \to \pm\infty$

Im Einzelnen ergibt sich:

$x \to +\infty$: Für die höchste Zählerpotenz gilt $x^2 \to +\infty$.
Für den Nenner gilt $x \to +\infty$.
Mit positivem Vorzeichen im Nenner und im Zähler ist auch $f(x) > 0$ und wir erhalten $f(x) \to +\infty$.

$x \to -\infty$: Im Zähler gilt wieder $x^2 \to +\infty$.
Beim Nenner ergibt sich $x \to -\infty$.
Somit ist $f(x) < 0$ und es folgt $f(x) \to -\infty$.

Extrempunkte

Ableitungen

Tipp

> Gebrochenrationale Funktionen, bei denen der Nenner $N(x)$ von der Form $N(x) = a \cdot x^n$ ist, können immer als Summe (oder Differenz) von Potenzfunktionen geschrieben werden.
> Das Differenzieren der Funktion in dieser Darstellung ist einfacher, da dann die Quotientenregel nicht benötigt wird.

Mit $f(x) = \frac{(x-1)^2}{x} = \frac{x^2 - 2x + 1}{x}$ folgt die Darstellung:

$$f(x) = \frac{x^2}{x} - \frac{2x}{x} + \frac{1}{x}$$

$$f(x) = x - 2 + x^{-1}$$

Wir leiten also $f(x)$ ab:

$$f'(x) = 1 - x^{-2} \qquad f''(x) = -(-2) \cdot x^{-3}$$

$$f'(x) = 1 - \frac{1}{x^2} \qquad f''(x) = \frac{2}{x^3}$$

Notwendige Bedingung

$$f'(x) = 0: \quad 1 - \frac{1}{x^2} = 0 \quad \Big| + \frac{1}{x^2}$$

$$1 = \frac{1}{x^2} \quad \Big| \cdot x^2$$

$$x^2 = 1 \quad \Rightarrow \quad x_1 = -1\,;\; x_2 = 1$$

Hinreichende Bedingung

$x_1 = -1: \quad f''(-1) = \frac{2}{(-1)^3} < 0$

$\Rightarrow$ f hat bei $x = -1$ ein lokales Maximum.

Mit $f(-1) = \frac{(-1-1)^2}{-1} = -4$ folgt der Hochpunkt $H(-1\,|\,-4)$.

$x_1 = 1: \quad f''(1) = \frac{2}{1^3} > 0$

$\Rightarrow$ f hat bei $x = 1$ ein lokales Minimum.

Aus $f(1) = \frac{(1-1)^2}{1} = 0$ erhalten wir den Tiefpunkt $T(1\,|\,0)$.

Graph

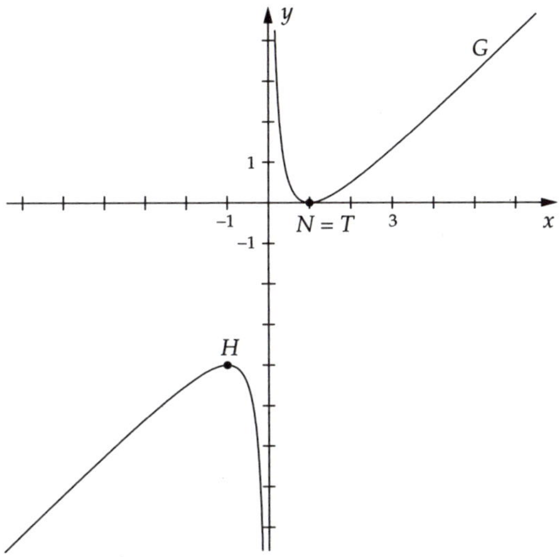

Tangente in *P*

b)

Wir benutzen die Formel der Tangente t_1 im Punkt $P(-4 \mid f(-4))$ (vgl. A1.2b):

$$t_1: \ y = f'(-4)\,(x-(-4)) + f(-4)$$

Mit $f(-4) = \frac{(-4-1)^2}{-4} = -\frac{25}{4}$ und $f'(-4) = 1 - \frac{1}{(-4)^2} = \frac{15}{16}$ gilt somit für t_1:

$$t_1: \ y = \frac{15}{16}(x+4) - \frac{25}{4}$$

$$y = \frac{15}{16}x - \frac{5}{2}$$

Der y-Achsenabschnitt in der Tangentengleichung liefert den Schnittpunkt $S(0 \mid -2{,}5)$ von t_1 mit der y-Achse.

Berechnung von *Q*

Da die Tangente t_2 an f durch den gesuchten Punkt $Q(u \mid f(u))$ parallel zu t_1 ist, hat sie dieselbe Steigung wie t_1: $m_{t_2} = m_{t_1} = \frac{15}{16}$

Wegen $m_{t_2} = f'(u)$ erhalten wir:

$$f'(u) = \frac{15}{16}$$

$$1 - \frac{1}{u^2} = \frac{15}{16}$$

$$\frac{1}{16} = \frac{1}{u^2}$$

$$u^2 = 16 \quad \Rightarrow \quad u_1 = -4\,; \ u_2 = 4$$

$u_1 = -4$ ergibt wieder den Punkt P, deshalb ist nur $u_2 = 4$ von Interesse; mit $f(4) = \frac{(4-1)^2}{4} = 2{,}25$ hat Q die Koordinaten $Q(4 \mid 2{,}25)$. (Skizze umseitig)

c)

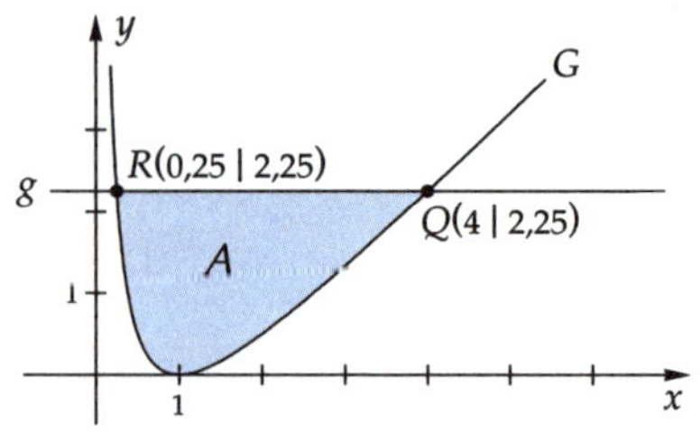

Merke

Im Intervall $[a, b]$ liege der Graph der Funktion g über dem Graphen der Funktion f. Dann wird die durch die Geraden $x = a$ und $x = b$ sowie durch die Graphen von f und g begrenzte Fläche durch folgende Integration berechnet:

$$A = \int_a^b [g(x) - f(x)]\, dx$$

Flächenberechnung

Die Gerade RQ hat die Gleichung $g(x) = 2{,}25$, da R und Q beide die y-Koordinate $y = 2{,}25$ haben. Aus der Skizze ist ersichtlich, dass die Fläche durch die Intervallgrenzen $a = 0{,}25$ und $b = 4$ sowie der oberen Funktion g und der unteren Funktion f begrenzt wird.
Somit ergibt sich für die gesuchte Fläche A:

$$A = \int_{0,25}^{4} [g(x) - f(x)]\, dx = \int_{0,25}^{4} (2{,}25 - \frac{(x-1)^2}{x})\, dx$$

Auch an dieser Stelle ist es nützlich, für $f(x)$ die Darstellung $f(x) = x - 2 + x^{-1}$ aus Teil a) zu wählen, damit die Integration durchgeführt werden kann:

$$A = \int_{0,25}^{4} [2{,}25 - (x - 2 + x^{-1})]\, dx = \int_{0,25}^{4} (4{,}25 - x - \frac{1}{x})\, dx = \left[4{,}25x - \frac{1}{2}x^2 - \ln|x|\right]_{0,25}^{4}$$

! Denken Sie bei der Integration der Funktion $h(x) = \frac{1}{x}$ immer daran, dass die Stammfunktion $H(x) = \ln|x|$ den *Betrag* von x enthält!

Wir setzen jetzt noch die Grenzen ein:

$$A = 4{,}25 \cdot 4 - \frac{1}{2}4^2 - \ln|4| - \left(4{,}25 \cdot 0{,}25 - \frac{1}{2}0{,}25^2 - \ln|0{,}25|\right) =$$

$$= \frac{255}{32} - \ln 4 + \ln\frac{1}{4} = \frac{255}{32} - 2\ln 4$$

$A \approx 5{,}20$

Ganzrationale Funktionen - ganz Normal(e) 3.

Aufgabenstellung 3.1

Zu jedem $t > 0$ ist eine Funktion f_t gegeben durch

$$f_t(x) = \frac{1}{3t}\,x(x-3t)^2\,; \qquad x \in \mathbb{R}.$$

Ihr Schaubild sei K_t.

a) Untersuchen Sie K_2 auf gemeinsame Punkte mit der x-Achse, Hoch-, Tief- und Wendepunkte.
Zeichnen Sie K_2 für $-0{,}5 \leqq x \leqq 8$ (Längeneinheit 1 cm).
Berechnen Sie den Inhalt der von K_2 und der x-Achse eingeschlossenen Fläche.

Kurvendiskussion

Flächenberechnung

b) Die Gerade $y = -2$ und K_2 schneiden sich in einem Punkt S.
Bestimmen Sie mit dem Newton'schen Näherungsverfahren einen Näherungswert für die x-Koordinate von S. (Das Verfahren ist abzubrechen, wenn sich die ersten drei Stellen hinter dem Komma erstmals nicht ändern.)

Newton'sches Näherungsverfahren

c) Die Ursprungsgerade g_t geht durch den Wendepunkt W_t von K_t.
Untersuchen Sie, ob es ein t gibt, für das g_t die Normale von K_t in W_t ist.

Normale

d) Es sei h eine beliebige ganzrationale Funktion 3. Grades mit dem Schaubild C.
Welche Bedingung müssen die Koeffizienten des Funktionsterms von h erfüllen, damit C keine Extrempunkte hat?
Wie viele gemeinsame Punkte mit der x-Achse hat C in diesem Fall? Begründen Sie Ihre Antwort.

Koeffizientenbestimmung

3.2 Lösungsweg

a) Zu untersuchen ist das Schaubild von K_2 mit der Funktionsgleichung:

K_2: $f_2(x) = \frac{1}{6}x(x-6)^2$

Gemeinsame Punkte mit der *x*-Achse

Tipp

> Wenden Sie bei der Nullstellenberechnung von ganzrationalen Funktionen, die als Produkt dargestellt sind, den Satz vom Nullprodukt an. (Also nicht ausmultiplizieren!)
> Beim Ableiten oder Integrieren ist das Ausmultiplizieren der Funktion jedoch sinnvoll.

$f_2(x) = 0$: $\quad \frac{1}{6}x(x-6)^2 = 0$

Mit dem Satz vom Nullprodukt folgen die Lösungen:

$$\frac{1}{6}x = 0 \quad \Rightarrow \quad x_1 = 0 \text{ bzw. } N_1(0|0)$$
$$(x-6)^2 = 0 \quad \Rightarrow \quad x_2 = 6 \text{ bzw. } N_2(6|0)$$

Extrempunkte

Ableitungen

Um beim Differenzieren die Produktregel zu vermeiden, multiplizieren wir erst aus:

$$f_2(x) = \frac{1}{6}x^3 - 2x^2 + 6x$$

Wir leiten $f_2(x)$ in dieser Form ab:

$$f_2'(x) = \frac{1}{6}\cdot 3\cdot x^2 - 2\cdot 2x + 6 \quad \Rightarrow \quad f_2'(x) = \frac{1}{2}x^2 - 4x + 6$$

$$f_2''(x) = \frac{1}{2}\cdot 2x - 4 \quad \Rightarrow \quad f_2''(x) = x - 4$$

Notwendige Bedingung

$f_2'(x) = 0: \quad \frac{1}{2}x^2 - 4x + 6 = 0$

$$x_{1,2} = \frac{4 \pm \sqrt{(-4)^2 - 4\cdot\frac{1}{2}\cdot 6}}{2\cdot\frac{1}{2}} = \frac{4\pm 2}{1} \quad \Rightarrow \quad x_1 = 6;\ x_2 = 2$$

Hinreichende Bedingung

$x_1 = 6:$ Mit $f_2''(6) = 6 - 4 > 0$ und $f_2(6) = 0$ (bei $x_2 = 6$ ist eine Nullstelle von f_2) erhalten wir den Tiefpunkt $T(6|0)$.

$x_2 = 2:$ Aus $f_2''(2) = 2 - 4 < 0$ und $f_2(2) = \frac{1}{6} \cdot 2 \cdot (2-6)^2 = \frac{16}{3}$ folgt der Hochpunkt $H\left(2\middle|\frac{16}{3}\right)$.

Wendepunkte

Notwendige Bedingung

$$f_2''(x) = 0: \quad x - 4 = 0$$
$$x = 4$$

Hinreichende Bedingung

Es gilt: $f_2'''(x) = 1 \Rightarrow f_2'''(4) = 1 \neq 0$

Mit $f_2(4) = \frac{1}{6} \cdot 4 \cdot (4-6)^2 = \frac{8}{3}$ ergibt sich der Wendepunkt $W\left(4\middle|\frac{8}{3}\right)$.

x	$f(x)$
–0,5	–3,52
1	4,17
3	4,5
5	0,83
7	1,17
8	5,33

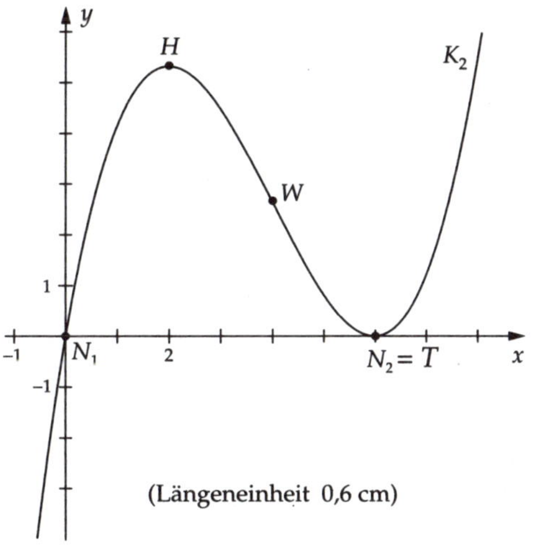

Flächenberechnung

Liegt eine Funktion f im Intervall $[a; b]$ vollständig oberhalb oder unterhalb der x-Achse, dann berechnet sich die dazwischenliegende (von $x = a$ und $x = b$ begrenzte) Fläche wie folgt:

$$A = \left| \int_a^b f(x)\,dx \right|$$

Merke

Mit $a = 0$ und $b = 6$ (also den Nullstellen von f_2) ergibt sich damit:

$$A = \left| \int_0^6 f_2(x)\,\mathrm{d}x \right| = \left| \int_0^6 \left(\frac{1}{6}x^3 - 2x^2 + 6x \right) \mathrm{d}x \right| =$$

$$= \left| \left[\frac{1}{6} \cdot \frac{1}{4} x^4 - 2 \cdot \frac{1}{3} x^3 + 6 \cdot \frac{1}{2} x^2 \right]_0^6 \right| =$$

$$= \left| \left[\frac{1}{24} x^4 - \frac{2}{3} x^3 + 3x^2 \right]_0^6 \right| = \left| \frac{1}{24} 6^4 - \frac{2}{3} 6^3 + 3 \cdot 6^2 \right|$$

$$A = 18$$

b)

Merke

Das Newton-Verfahren dient zur numerischen (näherungsweisen) Berechnung der Lösung einer Gleichung $h(x) = 0$, die sich durch algebraische Mittel nicht nach x auflösen lässt.
Die Anwendung erfolgt in 4 Schritten:

1. Bringen Sie die gegebene Gleichung auf die Form $h(x) = 0$.
2. Bestimmen Sie $h'(x)$.
3. Bestimmen Sie einen geeigneten Startwert. (Einen Wert x_0, der beispielsweise aufgrund einer Zeichnung nahe bei der gesuchten Lösung liegt.)
4. Berechnen Sie aus dem jeweils alten Näherungswert x_n einen neuen Wert x_{n+1} gemäß der Formel:

$$x_{n+1} = x_n - \frac{h(x_n)}{h'(x_n)}$$

Diese Iteration ist so lange zu wiederholen, bis die in der Aufgabe angegebene Abbruchbedingung erfüllt ist.

1. $h(x) = 0$

Gesucht ist die x-Koordinate des Schnittpunkts S von $f_2(x)$ mit der Geraden $y = -2$. Sie ergibt sich als Lösung der Gleichung:

$$\frac{1}{6}x^3 - 2x^2 + 6x = -2$$

$$x^3 - 12x^2 + 36x + 12 = 0$$

2. Bestimmung von $h'(x)$

Aus $h(x) = x^3 - 12x^2 + 36x + 12$ folgt: $h'(x) = 3x^2 - 24x + 36$

3. Startwert x_0

Man kann im Schaubild von K_2 erkennen, dass die waagrechte Gerade $y = -2$ die Funktion f_2 ungefähr im Punkt $S'(-0{,}4 \mid -2)$ schneidet. Wir wählen deswegen $x_0 = -0{,}4$.

4. Iteration

Die Iterationsvorschrift hat für den gesuchten Schnittpunkt *S* die Form:

$$x_{n+1} = x_n - \frac{x_n^3 - 12x_n^2 + 36x_n + 12}{3x_n^2 - 24x_n + 36}$$

Mit $x_0 = -0{,}4$ als Startwert ergibt sich nacheinander:

$$x_1 = -0{,}4 - \frac{(-0{,}4)^3 - 12 \cdot (-0{,}4)^2 + 36 \cdot (-0{,}4) + 12}{3 \cdot (-0{,}4)^2 - 24 \cdot (-0{,}4) + 36} \approx -0{,}3048$$

$x_2 \approx -0{,}3021$

$x_3 \approx -0{,}3021$

Die ersten drei Stellen hinter dem Komma sind bei x_3 mit denen von x_2 identisch; die Abbruchbedingung ist somit erfüllt. Damit hat *S* näherungsweise die *x*-Koordinate $x \approx -0{,}302$.

c)

Wir bestimmen zunächst die Gleichung der Normalen n_t im Wendepunkt W_t. Danach untersuchen wir, ob es unter diesen Normalen eine Ursprungsgerade gibt; diese ist dann die gesuchte Gerade g_t.

Gleichung der Normalen n_t im Wendepunkt W_t

Merke

Die Gleichung der Normalen *n* an das Schaubild einer Funktion *f* im Punkt $P(x_0 | f(x_0))$ hat die (nach *y* aufgelöste) Punkt-Steigungsform:

$$n: \; y = -\frac{1}{f'(x_0)} \cdot (x - x_0) + f(x_0)$$

Wir müssen also zunächst den Wendepunkt W_t bestimmen, da dessen Koordinaten für die Normalengleichung benötigt werden:

$$f_t(x) = \frac{1}{3t}\, x(x - 3t)^2 = \frac{1}{3t}\, x^3 - 2x^2 + 3tx$$

$$f_t'(x) = \frac{1}{3t} \cdot 3 \cdot x^2 - 2 \cdot 2x + 3t$$

$$f_t'(x) = \frac{1}{t} \cdot x^2 - 4x + 3t$$

$$f_t''(x) = \frac{2}{t}\, x - 4$$

$$f_t'''(x) = \frac{2}{t}$$

Aus $f_t''(x) = \frac{2}{t}x - 4 = 0$ folgt $x = 2t$ und mit $f_t(2t) = \frac{1}{3t}2t \cdot (2t - 3t)^2 = \frac{2}{3}t^2$

erhalten wir den Wendepunkt $W_t\left(2t \middle| \frac{2}{3}t^2\right)$.

(Dic hinreichende Bedingung ist wegen $f_t'''(2t) = \frac{2}{t} \neq 0$ erfüllt.)

Die Normale n_t in $W_t\left(2t \middle| \frac{2}{3}t^2\right)$ hat dann mit $f_t'(2t) = \frac{1}{t} \cdot (2t)^2 - 4 \cdot 2t + 3t = -t$

$$f_t'(2t) = \frac{1}{t} \cdot (2t)^2 - 4 \cdot 2t + 3t = -t$$

die folgende Gleichung:

$$n_t : y = -\frac{1}{f_t'(2t)} \cdot (x - 2t) + f_t(2t) = -\frac{1}{-t} \cdot (x - 2t) + \frac{2}{3}t^2$$

$$y = \frac{1}{t}x + \frac{2}{3}t^2 - 2$$

Berechnung von g_t

Falls es eine Ursprungsgerade g_t gibt, die gleichzeitig eine Normale in W_t ist, dann erhält man g_t als diejenige Normale n_t, die durch den Ursprung geht. n_t geht aber genau dann durch den Ursprung $O(0|0)$, wenn die Punktprobe in der Normalengleichung erfüllt ist:

$$0 = \frac{1}{t} \cdot 0 + \frac{2}{3}t^2 - 2$$

$$3 = t^2 \qquad \Rightarrow \qquad t_1 = -\sqrt{3};\ t_2 = \sqrt{3}$$

Wegen $t > 0$ laut Aufgabenstellung erfüllt nur die Gerade $g_{\sqrt{3}}$ für $t = \sqrt{3}$ die geforderte Bedingung. Diese hat die Gleichung:

$$g_{\sqrt{3}} : y = \frac{1}{\sqrt{3}}x + \frac{2}{3}\left(\sqrt{3}\right)^2 - 2$$

$$g_{\sqrt{3}} : y = \frac{1}{\sqrt{3}}x$$

d) *h* hat keine Extrempunkte

Die ganzrationale Funktion $h(x) = ax^3 + bx^2 + cx + d$ hat genau dann keine Extrempunkte, wenn $h'(x) = 3ax^2 + 2bx + c$ keinen Vorzeichenwechsel hat. Das Schaubild von $h'(x)$ ist eine Parabel und hat somit genau dann keinen Vorzeichenwechsel, wenn es höchstens eine Nullstelle gibt. (Dann gilt nämlich entweder $h'(x) \geqq 0$ oder $h'(x) \leqq 0$ für alle x-Werte.)
Für die Nullstellen von $h'(x)$ ergibt sich:

$$x_{1,2} = \frac{-2b \pm \sqrt{(2b)^2 - 4 \cdot 3a \cdot c}}{2 \cdot 3a}$$

Es gibt höchstens eine Nullstelle von $h'(x)$, wenn für die Diskriminante gilt:

$$(2b)^2 - 4 \cdot 3a \cdot c \leqq 0 \quad \Leftrightarrow \quad b^2 \leqq 3ac$$

Dies ist die gesuchte Beziehung für die Koeffizienten a, b und c.

Gemeinsame Punkte mit der x-Achse

Da $h'(x)$ höchstens eine Nullstelle hat, falls keine Extrempunkte existieren, ist h entweder streng monoton wachsend oder streng monoton fallend.
In beiden Fällen kann h deswegen höchstens eine Nullstelle haben. Außerdem gilt:

$$\begin{array}{lll} \text{für } a>0: & x \to +\infty & \Rightarrow \quad h(x) \to +\infty \\ & x \to -\infty & \Rightarrow \quad h(x) \to -\infty \\ \text{für } a<0: & x \to +\infty & \Rightarrow \quad h(x) \to +\infty \\ & x \to -\infty & \Rightarrow \quad h(x) \to -\infty \end{array}$$

Deshalb nimmt die Funktion h jeden Wert an, insbesondere auch den Wert null.

Es gibt deshalb genau einen Schnittpunkt mit der x-Achse.

4. Annäherungen an eine Fläche

4.1 Aufgabenstellung

Gegeben ist die Funktion $f: x \mapsto \frac{x^2-2}{(x+2)^2}$ mit maximalem Definitionsbereich D_f. Der Graph von f wird mit G_f bezeichnet.

1. a) Bestimmen Sie D_f und die Schnittpunkte von G_f mit den Koordinatenachsen.

Definitionslücke

Untersuchen Sie das Verhalten von f in der Umgebung der Definitionslücke.

Asymptote

b) Zeigen Sie, dass der Graph G_f die Gerade $y = 1$ als horizontale Asymptote besitzt und dass er sich dieser für $x \to +\infty$ von unten nähert.

c) Bestimmen Sie Lage und Art des Extrempunkts. Untersuchen Sie G_f auf Wendepunkte.

$\left[\text{zur Kontrolle: } f'(x) = 4 \cdot \frac{x+1}{(x+2)^3}\right]$

d) Zeichnen Sie die Asymptoten sowie G_f im Bereich $-2 < x \leqq 6$ unter Verwendung aller bisherigen Ergebnisse und der Funktionswerte an den Stellen 0,5 und 1 (Längeneinheit 2 cm).

2. Der Graph G_f, die x-Achse sowie die Geraden $x = -1$ und $x = 1$ umschließen ein endliches Flächenstück vom Inhalt A.

Streifennäherung

a) Schätzen Sie A mithilfe der Streifenmethode durch vier Rechtecke gleicher Breite nach oben ab (2 Dezimalen).

exakte Fläche

b) Zeigen Sie, dass $F: x \mapsto x - 4 \cdot \ln(x+2) - \frac{2}{x+2}$ für $x > -2$ eine Stammfunktion von f ist. Bestimmen Sie den Flächeninhalt A durch Integration (2 Dezimalen).

Trapez-Näherung

c) Besser als durch die Streifenmethode in Teilaufgabe 2a lässt sich im konkreten Fall der Flächeninhalt A durch den Flächeninhalt eines Trapezes abschätzen. Geben Sie die Eckpunkte eines geeigneten Trapezes an und berechnen Sie seinen Flächeninhalt.

Lösungsweg

4.2

Definitionsmenge D_f

1.a)

Die Nullstellen des Nenners sind Definitionslücken:

$$(x+2)^2 = 0$$

$$x = -2 \quad \Rightarrow \quad D_f = \mathbb{R} \setminus \{-2\}$$

Schnittpunkte mit den Koordinatenachsen

Schnittpunkte mit der x-Achse

$$f(x) = 0: \quad \frac{x^2 - 2}{(x+2)^2} = 0 \qquad | \cdot (x+2)^2 \quad | +2$$

$$x^2 = 2 \quad \Rightarrow \quad x_1 = -\sqrt{2}\,; \; x_2 = \sqrt{2}$$

Wir erhalten $N_1\left(-\sqrt{2}\,|\,0\right)$ und $N_2\left(\sqrt{2}\,|\,0\right)$.

Schnittpunkt mit der y-Achse

$$x = 0: \quad f(0) = \frac{0^2 - 2}{(0+2)^2} = \frac{-2}{4} = -\frac{1}{2}$$

Damit schneidet G_f die y-Achse im Punkt $S_y\left(0 \middle| -\frac{1}{2}\right)$.

Verhalten von f bei $x = -2$

Da der Zähler von f bei $x = -2$ den Wert $(-2)^2 - 2 = 2 \neq 0$ annimmt, liegt eine Polasymptote mit der Gleichung $x = -2$ vor (vgl. A2.2a).
Außerdem haben Zähler und Nenner dort keinen Vorzeichenwechsel (der Zähler hat einen Wert größer null und der Nenner ist immer positiv). Die Funktion f und damit auch die Polstelle bei $x = -2$ haben also keinen Vorzeichenwechsel.

Horizontale Asymptote

1.b)

Merke

Sind bei einer gebrochenrationalen Funktion f mit

$$f(x) = \frac{a_n x^n + a_{n-1} x^{n-1} + \ldots + a_1 x + a_0}{b_m x^m + b_{m-1} x^{m-1} + \ldots + b_1 x + b_0}$$

der Zähler- und Nennergrad identisch ($m = n$), so hat f für $x \to \pm\infty$ den Grenzwert $\frac{a_n}{b_n}$. $y = \frac{a_n}{b_n}$ ist dann horizontale Asymptote für f.

Für $f(x) = \frac{x^2 - 2}{(x+2)^2} = \frac{x^2 - 2}{x^2 + 4x + 4}$ ist $n = m = 2$.

Damit gilt: $\lim\limits_{x \to \pm\infty} f(x) = \lim\limits_{x \to \pm\infty} \frac{(x^2 - 2) : x^2}{(x^2 + 4x + 4) : x^2} = \lim\limits_{x \to \pm\infty} \frac{1 - \frac{2}{x^2}}{1 + \frac{4}{x} + \frac{4}{x^2}} = \frac{1}{1} = 1$

$y = 1$ ist somit die Gleichung der horizontalen Asymptote.

Für die Differenz zwischen Funktion und horizontaler Asymptote gilt:

$$f(x) - 1 = \frac{x^2 - 2}{(x+2)^2} - 1 = \frac{x^2 - 2 - (x+2)^2}{(x+2)^2} =$$

$$= \frac{-4x - 6}{(x+2)^2} = -\frac{4x + 6}{(x+2)^2} < 0 \quad \text{für } x > 0$$

Somit ist $f(x) = \frac{x^2 - 2}{(x+2)^2} < 1$ auf der positiven x-Achse. $f(x)$ liegt dort also unter der horizontalen Asymptote $y = 1$.

1.c) Extrempunkt

Ableitungen

Für die Ableitungen von $f(x) = \frac{x^2 - 2}{(x+2)^2}$ gilt nach der Quotientenregel:

$$f'(x) = \frac{2x \cdot (x+2)^2 - 2 \cdot (x+2)(x^2 - 2)}{(x+2)^4} =$$

$$= \frac{2x \cdot (x+2) - 2(x^2 - 2)}{(x+2)^3} = \frac{4x + 4}{(x+2)^3}$$

$$f'(x) = 4\,\frac{x+1}{(x+2)^3}$$

$$f''(x) = 4\,\frac{1 \cdot (x+2)^3 - 3 \cdot (x+2)^2 (x+1)}{(x+2)^6} = 4\,\frac{(x+2) - 3(x+1)}{(x+2)^4}$$

$$f''(x) = 4\,\frac{-2x - 1}{(x+2)^4}$$

Notwendige Bedingung

$$f'(x) = 0: \quad 4\,\frac{x+1}{(x+2)^3} = 0 \qquad | \cdot (x+2)^3 \quad | : 4$$

$$x + 1 = 0$$

$$x = -1$$

Hinreichende Bedingung

Für $x = -1$ erhalten wir $f''(-1) = 4\,\dfrac{-2\cdot(-1)-1}{(-1+2)^2} = 4 > 0$, also einen Tiefpunkt.

Mit $f(-1) = -1$ ergeben sich die Koordinaten $T(-1|-1)$.

Wendepunkte

Notwendige Bedingung

$$f''(x) = 0: \quad 4\,\frac{-2x-1}{(x+2)^4} = 0$$
$$-2x-1 = 0$$
$$x = -\frac{1}{2}$$

Hinreichende Bedingung

Da der Zähler $-2x-1$ von f'' bei $x = -\frac{1}{2}$ einen Vorzeichenwechsel hat und der Nenner nicht, hat f'' dort einen Vorzeichenwechsel und somit einen Wendepunkt.

Mit $f\left(-\frac{1}{2}\right) = -\frac{7}{9}$ erhalten wir $W\left(-\frac{1}{2}\,\middle|\,-\frac{7}{9}\right)$.

Für die zu berechnenden Funktionswerte erhalten wir $f(0{,}5) = -\frac{7}{25}$ und $f(1) = -\frac{1}{9}$. **1.d)**

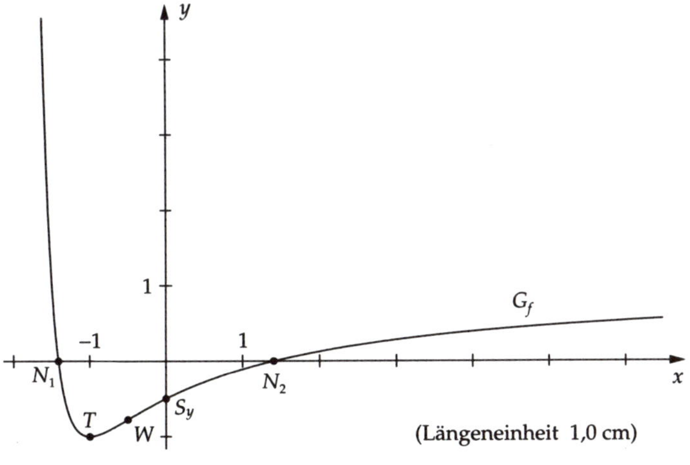

2. a) Die Fläche soll *nach oben* abgeschätzt werden. Wir wählen die Höhen h_1, h_2, h_3 und h_4 der Streifen deshalb so, dass der Graph G_f immer *innerhalb* eines Rechteckes verläuft. Damit ist jedes Rechteck größer als die zugehörige Teilfläche über G_f.

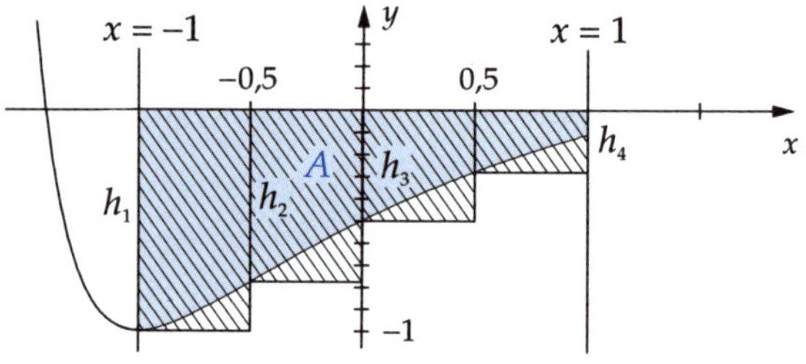

Für die Summe A_R der Rechtecksflächen mit der Breite 0,5 erhalten wir:

$$A_R = 0{,}5 \cdot h_1 + 0{,}5 \cdot h_2 + 0{,}5 \cdot h_3 + 0{,}5 \cdot h_4 =$$
$$= 0{,}5 \cdot [-f(-1) - f(-0{,}5) - f(0) - f(0{,}5)] =$$
$$= 0{,}5 \cdot \left[-(-1) - \left(-\frac{7}{9}\right) - \left(-\frac{1}{2}\right) - \left(-\frac{7}{25}\right)\right]$$

$$A_R = \frac{1151}{900} \approx 1{,}28$$

Für die blaue Fläche A gilt somit $A < 1{,}28$.

2. b) **Stammfunktion *F***

Tipp

Ist zu zeigen, dass eine Funktion *F* die Stammfunktion einer Funktion *f* ist, dann integrieren Sie *f* nur, falls dies ausdrücklich verlangt wird! Ansonsten ist es wesentlich einfacher, die Beziehung

$$F'(x) = f(x)$$

zu beweisen.

Für $F'(x)$ gilt: $F'(x) = 1 - 4 \cdot \frac{1}{x+2} - \frac{0 \cdot (x+2) - 2 \cdot 1}{(x+2)^2} =$

$$= 1 - \frac{4}{x+2} + \frac{2}{(x+2)^2} =$$
$$= \frac{(x+2)^2 - 4(x+2) + 2}{(x+2)^2} =$$
$$= \frac{x^2 + 4x + 4 - 4x - 8 + 2}{(x+2)^2} = \frac{x^2 - 2}{(x+2)^2}$$

$$F'(x) = f(x)$$

Flächeninhalt A

Die Fläche A ergibt sich durch Integration von f mit den Grenzen $x = -1$ und $x = 1$:

$$A = \left| \int_{-1}^{1} f(x)\,\mathrm{d}x \right| = |[F(x)]_{-1}^{1}| =$$

$$= \left| \left[x - 4 \cdot \ln(x+2) - \frac{2}{x+2} \right]_{-1}^{1} \right| = \left| 1 - 4\ln 3 - \frac{2}{3} - \left(-1 - 4\ln 1 - \frac{2}{1} \right) \right|$$

$$A = \left| \frac{10}{3} - 4\ln 3 \right| \approx 1{,}06$$

2. c) In der Skizze aus 2. a) erkennt man, dass sich der Flächeninhalt gut durch das Trapez mit den Eckpunkten

$A(-1|-1)$

$B\left(1\middle|-\frac{1}{9}\right)$

$C(1|0)$

$D(-1|0)$

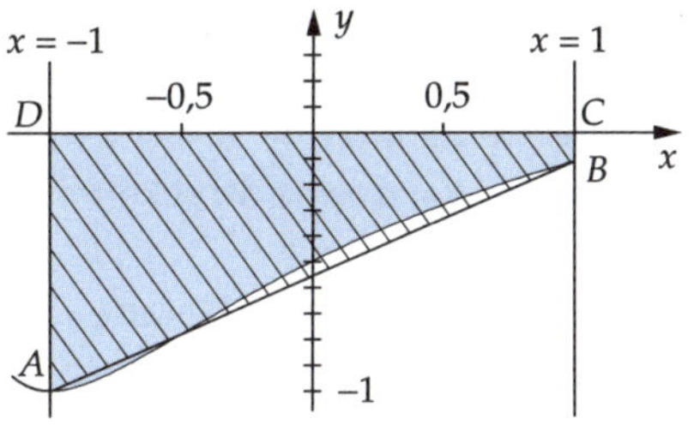

annähern lässt. Dieses Trapez hat die parallelen Grundseiten $d = 1$ und $b = \frac{1}{9}$ sowie die Höhe $h = 2$.

Daraus ergibt sich mit der Flächenformel für Trapeze: $A_{Tr} = \frac{1}{2} \cdot (d + b) \cdot h$

$$A_{Tr} = \frac{10}{9} \approx 1{,}11$$

5. Uneigentliches Integral; Zerfall und Wachstum

5.1 Aufgabenstellung

Gegeben sind die Funktionen f und g durch

$$f(x) = 4 - 3\,e^{-0,5x} \quad \text{und} \quad g(x) = e^{0,5x} \quad \text{mit } x \in \mathbb{R}.$$

Ihre Schaubilder seien K und C.

a) Untersuchen Sie K und C auf gemeinsame Punkte mit den Koordinatenachsen und auf Asymptoten.
Zeichnen Sie K und C in ein gemeinsames Achsenkreuz ein.

Schnittwinkel

b) Berechnen Sie die Koordinaten der Schnittpunkte von K und C und in einem Schnittpunkt den Schnittwinkel von K und C.

Strecken-maximierung

Für welche reelle Zahl a mit $0 < a < \ln 9$ schneiden die Kurven K und C aus der Geraden $x = a$ eine Strecke mit möglichst großer Länge aus?

Grenzfläche

c) Die Schaubilder K und C, die Gerade $y = 4$ und die Gerade $x = z$ mit $z > \ln 16$ begrenzen eine Fläche mit Inhalt $A(z)$.
Bestimmen Sie $A(z)$ und $\lim\limits_{z \to \infty} A(z)$.

Zerfalls- und Wachstums-prozess

d) Beim radioaktiven Zerfall einer Substanz S_1 ist $h_1(t)$ die Masse der noch nicht zerfallenen Substanz zum Zeitpunkt t. ($h_1(t)$ in mg und t in Stunden nach Beobachtungsbeginn)
Dabei gilt: $h_1(t) = 100\,e^{-kt}$.
Berechnen Sie k, wenn die Halbwertszeit für diesen Zerfall 4,5 Stunden beträgt.
Welche Masse ist nach 18 Stunden bereits zerfallen?

Eine zweite Substanz S_2 entsteht erst als Zerfallsprodukt einer anderen Substanz.
Für die Masse $h_2(t)$ von S_2 gilt entsprechend $h_2(t) = 100\,e^{-ct}\,(1 - e^{-t})$.
Bestimmen Sie den Bestand für $t = 0$.
Bestimmen Sie c, wenn die Masse von S_2 nach 2 Stunden 31,81 mg beträgt.
Zu welchem Zeitpunkt wird für $c = 0,5$ die größte Masse gemessen?

Lösungsweg 5.2

Gemeinsame Punkte mit den Koordinatenachsen a)

Schnittpunkte mit der *x*-Achse ($y = 0$)

- $f(x)$: $$4 - 3e^{-0,5x} = 0$$ $$e^{-0,5x} = \frac{4}{3}$$ $$-0,5x = \ln\frac{4}{3} \Rightarrow x = -2\ln\frac{4}{3}$$

  $N\left(-2\ln\frac{4}{3}\,\middle|\,0\right)$ ist somit der Schnittpunkt von K mit der x-Achse.

- $g(x)$:
  Die Gleichung $e^{0,5x} = 0$ hat keine Lösung, da die Exponentialfunktion $y = e^x$ nur positive Werte annimmt.
  C hat demnach keinen gemeinsamen Punkt mit der x-Achse.

Schnittpunkte mit der *y*-Achse ($x = 0$)

- $f(x)$: $f(0) = 4 - 3e^{-0,5\cdot 0} = 1 \Rightarrow f$ schneidet die y-Achse in $S_y(0|1)$.
- $g(x)$: $g(0) = e^{-0,5\cdot 0} = 1 \Rightarrow g$ schneidet die y-Achse in $S_y(0|1)$.

Asymptoten

Merke

Asymptoten für Funktionen, in denen der Ausdruck e^{ax+b} $(a \neq 0)$ vorkommt, finden Sie am einfachsten, indem Sie diesen Ausdruck durch 0 ersetzen (sofern dadurch nicht durch null geteilt wird).
Für $a < 0$ gilt nämlich $\lim\limits_{x \to +\infty} e^{ax+b} = 0$ und für $a > 0$ gilt $\lim\limits_{x \to -\infty} e^{ax+b} = 0$.

In unserem Fall ergibt sich für f die waagrechte Asymptote $y = 4 - 3 \cdot 0 = 4$ und für g ebenfalls eine waagrechte Asymptote $y = 0$, also die x-Achse. (Schaubild s. nächste Seite.)

Schnittpunktberechnung b)

Wir berechnen die Lösung der Gleichung $f(x) = g(x)$:

$$4 - 3e^{-0,5x} = e^{0,5x} \qquad |\cdot e^{0,5x}$$
$$4e^{0,5x} - 3e^{-0,5x} \cdot e^{0,5x} = e^{0,5x} \cdot e^{0,5x}$$
$$4e^{0,5x} - 3 = (e^{0,5x})^2$$

Schaubild zu Teil a)

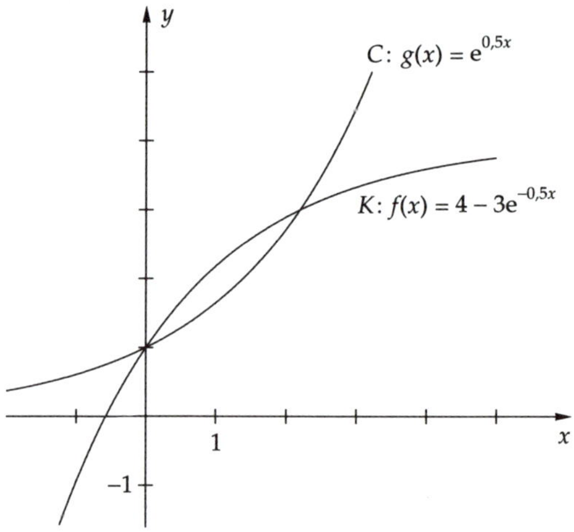

Um den Überblick nicht zu verlieren, machen wir jetzt die Substitution $u = e^{0,5x}$.

Diese führt zu:

$$4u - 3 = u^2$$
$$u^2 - 4u + 3 = 0$$
$$u_{1,2} = \frac{4 \pm \sqrt{16 - 4 \cdot 1 \cdot 3}}{2} \quad \Rightarrow \quad u_1 = 3\,;\; u_2 = 1$$

! Vergessen Sie beim Lösen einer Gleichung mithilfe einer Substitution nicht die Rücksubstitution!

Wir erhalten aus u_1: $3 = e^{0,5x} \Leftrightarrow 0{,}5x = \ln 3 \Leftrightarrow x = 2\ln 3$,

aus u_2: $1 = e^{0,5x} \Leftrightarrow 0{,}5x = \ln 1 \Leftrightarrow x = 0$.

Mit $g(0) = 1$ und $g(2\ln 3) = e^{0,5 \cdot 2 \cdot \ln 3} = e^{\ln 3} = 3$ ergeben sich somit die beiden Schnittpunkte $S_1(0|1)$ und $S_2(2\ln 3|3)$.

Schnittwinkelberechnung

Merke

Schneiden sich zwei Funktionen f und g an der Stelle x_0, so lässt sich der Schnittwinkel wie folgt berechnen:

1. Berechnen Sie die Steigungswinkel α und β der Funktionen f und g gemäß der Formel:

   $\tan\alpha = f'(x_0)$ (bzw. $\tan\beta = g'(x_0)$)

2. Sie erhalten den Schnittwinkel φ folgendermaßen:

   $\varphi = |\alpha - \beta|$ für $|\alpha - \beta| \leqq 90°$

   bzw. $\varphi = 180° - |\alpha - \beta|$ für $|\alpha - \beta| > 90°$

Es werden jetzt also f' und g' benötigt: $f'(x) = -0{,}5 \cdot (-3) \cdot e^{-0{,}5x}$

$$f'(x) = 1{,}5 \cdot e^{-0{,}5x}$$

$$g'(x) = 0{,}5\, e^{0{,}5x}$$

Wir berechnen den Schnittwinkel in $S_1(0\,|\,1)$, da das Einsetzen von $x_0 = 0$ in $f'(x)$ bzw. $g'(x)$ weniger fehlerträchtig ist als die Verwendung von $x_0 = 2\ln 3$ aus $S_2(2\ln 3\,|\,3)$. Es gilt:

$$f'(0) = 1{,}5 \cdot e^0 = 1{,}5 \quad\Rightarrow\quad \tan\alpha = 1{,}5 \quad\Rightarrow\quad \alpha \approx 56{,}310°$$

$$g'(0) = 0{,}5 \cdot e^0 = 0{,}5 \quad\Rightarrow\quad \tan\beta = 0{,}5 \quad\Rightarrow\quad \beta \approx 26{,}565°$$

Wegen $|\alpha - \beta| \approx 29{,}745° < 90°$ folgt für den Schnittwinkel $\varphi \approx 29{,}745°$.

Maximale Streckenlänge

Die Gerade $x = a$ schneidet f und g in den übereinander liegenden Punkten $P_1(a\,|\,f(a))$ und $P_2(a\,|\,g(a))$. Die Strecke $d(a)$ zwischen diesen Punkten hat deshalb die Länge:

$$d(a) = f(a) - g(a) = 4 - 3e^{-0{,}5a} - e^{0{,}5a}$$

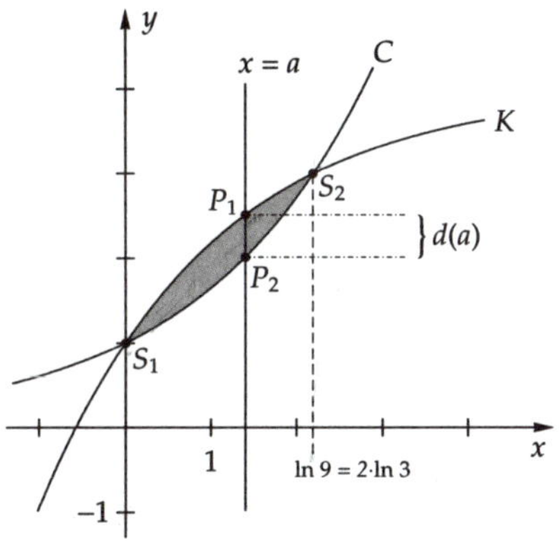

Wir berechnen also das Maximum von d für $0 < a < \ln 9$.

Berechnung der Ableitungen

$$d'(a) = f'(a) - g'(a)$$

$$d'(a) = 1{,}5\, e^{-0{,}5a} - 0{,}5\, e^{0{,}5a}$$

$$d''(a) = -0{,}75\, e^{-0{,}5a} - 0{,}25\, e^{0{,}5a}$$

Notwendige Bedingung für Extrema

$d'(a) = 0$:

$$\begin{aligned} 1{,}5\, e^{-0{,}5a} - 0{,}5\, e^{0{,}5a} &= 0 \quad |\cdot e^{0{,}5a} \\ 1{,}5\, e^{-0{,}5a} \cdot e^{0{,}5a} - 0{,}5\, e^{0{,}5a} \cdot e^{0{,}5a} &= 0 \\ 1{,}5 - 0{,}5\, e^{a} &= 0 \\ e^{a} &= 3 \quad\Rightarrow\quad a = \ln 3 \end{aligned}$$

Lassen Sie bei der Lösung von Extremwertaufgaben keinen Schritt des Lösungsformalismus aus. Überprüfen Sie also beispielsweise immer, ob eine hinreichende Bedingung für die berechneten Stellen erfüllt ist, auch wenn dies nicht ausdrücklich verlangt wird oder aufgrund einer Skizze klar ist.

!

Hinreichende Bedingung

Wegen $d''(\ln 3) \approx -0{,}866 < 0$ hat d für $a = \ln 3$ ein relatives Maximum.
Da sich f und g an den Rändern $x = 0$ und $x = \ln 9$ schneiden, konvergiert die Abstandsfunktion $d(a)$ dort gegen null. Das relative Maximum bei $a = \ln 3$ ist deshalb im Bereich $0 < x < \ln 9$ auch ein absolutes Maximum.

c) Flächenberechnung

In der Figur erkennen Sie, dass die blaue Fläche $A(z)$ aus zwei Teilflächen zusammengesetzt ist. Dabei ist x_0 die Schnittstelle der Funktion g mit der Asymptoten $y = 4$:

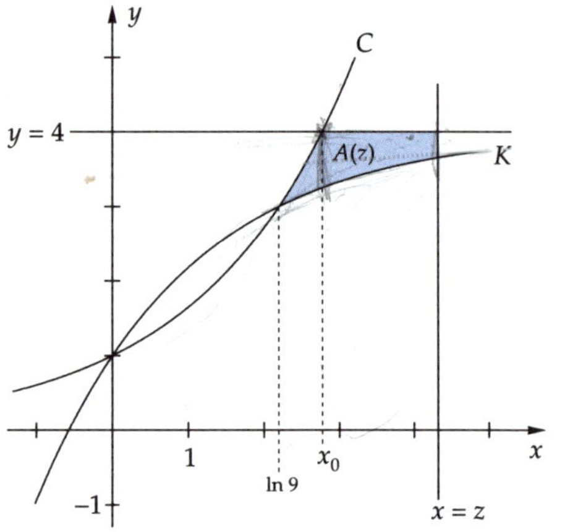

$$e^{0,5x_0} = 4$$

$$0{,}5\,x_0 = \ln 4$$

$$\Rightarrow \quad x_0 = 2\ln 4 = \ln 16$$

Die Teilflächen berechnen sich im jeweiligen Intervall durch Integration der Differenz „obere Funktion" – „untere Funktion" (vgl. A2.2c).
Dabei ist im Intervall $\ln 9 \leqq x \leqq \ln 16$ $g(x)$ die obere und $f(x)$ die untere Funktion.
Im Intervall $\ln 16 \leqq x \leqq z$ ist $y = 4$ die obere und $f(x)$ die untere Funktion.

Wir erhalten somit für $A(z)$:

$$A(z) = \int_{\ln 9}^{\ln 16} [g(x) - f(x)]\,dx + \int_{\ln 16}^{z} [4 - f(x)]\,dx =$$

$$= \int_{\ln 9}^{\ln 16} [e^{0,5x} - (4 - 3e^{-0,5x})]\,dx + \int_{\ln 16}^{z} [4 - (4 - 3e^{-0,5x})]\,dx =$$

$$= \int_{\ln 9}^{\ln 16} (e^{0,5x} - 4 + 3e^{-0,5x})\,dx + \int_{\ln 16}^{z} 3e^{-0,5x}\,dx =$$

$$= \left[2e^{0,5x} - 4x - 6e^{-0,5x}\right]_{\ln 9}^{\ln 16} + \left[-6e^{-0,5x}\right]_{\ln 16}^{z} =$$

$$= 2e^{0,5\ln 16} - 4\ln 16 - 6e^{-0,5\ln 16} - (2e^{0,5\ln 9} - 4\ln 9 - 6e^{-0,5\ln 9}) -$$
$$- 6e^{-0,5z} + 6e^{-0,5\ln 16} =$$

$$= 8 - 4\ln 16 - \frac{6}{4} - 6 + 4\ln 9 + 2 - 6e^{-0,5z} + \frac{6}{4}$$

$$A(z) = 4 - 4\ln 16 + 4\ln 9 - 6e^{-0,5z}$$

Wegen $\lim\limits_{z \to \infty} e^{-0,5z} = 0$ gilt dann $\lim\limits_{z \to \infty} A(z) = 4 - 4\ln 16 + 4\ln 9 \approx 1{,}699$.

Substanz S_1

d)

Berechnung von *k*

Merke

Das allgemeine Gesetz für exponentiellen Zerfall bzw. exponentielles Wachstum wird durch folgende Gleichungen beschrieben:

Zerfall: $B(t) = B(0) \cdot e^{-kt} \quad (k > 0)$

Wachstum: $B(t) = B(0) \cdot e^{kt} \quad (k > 0)$

Dabei ist $B(t)$ der vorhandene Bestand nach der Zeit t und $B(0)$ der Anfangsbestand.

Nach der Zeit $t = 4{,}5$ Stunden ist die Masse $h_1(t)$ der noch nicht zerfallenen Substanz auf die Hälfte des Anfangsbestandes $h_1(0) = 100$ gesunken, d.h. auf 50.
Es gilt also:

$$50 = 100e^{-k \cdot 4{,}5} \quad |:100$$

$$-k \cdot 4{,}5 = \ln 0{,}5 \quad \Rightarrow \quad k = -\frac{\ln 0{,}5}{4{,}5} \approx 0{,}154$$

Zerfallene Masse nach 18 Stunden

Nach dem Zerfallsgesetz gilt:

$$h_1(18) = 100\,e^{-\left(-\frac{\ln 0{,}5}{4{,}5}\right) \cdot 18} = 100 \cdot (e^{\ln 0{,}5})^4 =$$
$$= 100 \cdot 0{,}5^4$$
$$h_1(18) = 6{,}25$$

Von den 100 mg Anfangsbestand der Substanz S_1 sind somit nach 18 Stunden $100\text{ mg} - 6{,}25\text{ mg} =$ 93,75 mg zerfallen.

Substanz S_2

Anfangsbestand

$$h_2(0) = 100\,e^{-c \cdot 0}(1 - e^{-0}) = 100 \cdot 1 \cdot (1 - 1) = 0$$

Der Anfangsbestand beträgt also 0 mg, denn S_2 entsteht laut Aufgabenstellung erst als Zerfallsprodukt einer anderen Substanz.

Bestimmung von *c*

Wir setzen die Angaben $t = 2$ und $h_2(t) = 31{,}81$ in $h_2(t) = 100\,e^{-ct}(1 - e^{-t})$ ein:

$$31{,}81 = 100e^{-2c}(1 - e^{-2}) \quad |:100\,(1 - e^{-2})$$

$$e^{-2c} = \frac{31{,}81}{100\,(1 - e^{-2})} \quad \Rightarrow \quad c = -\frac{1}{2}\ln\frac{31{,}81}{100\,(1 - e^{-2})} \approx 0{,}50$$

Maximale Masse von S_2

Gesucht wird nach dem Maximum der Funktion $h_2(t)$, welches wir mit dem üblichen Lösungsschema zur Berechnung von Extrema ermitteln. Wir berechnen dafür zuerst die Ableitungen von $h_2(t)$:

$$h_2(t) = 100\,e^{-0{,}5t}\,(1-e^{-t}) = 100\,e^{-0{,}5t} - 100\,e^{-1{,}5t}$$

$$h_2'(t) = 100\cdot(-0{,}5)\,e^{-0{,}5t} - 100\cdot(-1{,}5)\,e^{-1{,}5t} = 150\,e^{-1{,}5t} - 50\,e^{-0{,}5t}$$

$$h_2''(t) = 150\cdot(-1{,}5)\,e^{-1{,}5t} - 50\cdot(-0{,}5)\,e^{-0{,}5t} = 25\,e^{-0{,}5t} - 225\,e^{-1{,}5t}$$

Die notwendige Bedingung $h_2'(t) = 0$ für Extrema liefert:

$$\begin{aligned} 150\,e^{-1{,}5t} - 50\,e^{-0{,}5t} &= 0 \qquad \mid\cdot e^{1{,}5t} \\ 150\,e^{-1{,}5t}\cdot e^{1{,}5t} - 50\,e^{-0{,}5t}\cdot e^{1{,}5t} &= 0 \\ 150 - 50\,e^{t} &= 0 \\ e^{t} &= 3 \quad \Rightarrow \quad t = \ln 3 \approx 1{,}10 \end{aligned}$$

Mit $h_2''(\ln 3) = 25\,e^{-0{,}5\,\ln 3} - 225\,e^{-1{,}5\,\ln 3} \approx -28{,}87 < 0$ ist für $t = \ln 3$ die hinreichende Bedingung für ein relatives Maximum erfüllt.

Wie in Teilaufgabe b) vergleichen wir noch mit den Randwerten des Definitionsbereiches $0 \leqq t < \infty$:
Wegen $h_2(0) = 0$ und $\lim\limits_{t\to\infty} h_2(t) = 0$ sind beide Randwerte kleiner als $h_2(\ln 3) > 0$ und somit wird nach ca. 1,10 h die größte Masse gemessen.

Logarithmische Krümmung mit Terrasse 6.

Aufgabenstellung 6.1

Gegeben ist die Funktion $f\colon\ x \mapsto \frac{x}{2}[1 + (\ln x)^2]$ mit der Definitionsmenge $D_f = \mathbb{R}^+$. Ihr Graph wird mit G_f bezeichnet.
Hinweis: Im Folgenden darf der Grenzwert $\lim\limits_{x \overset{>}{\to} 0} [x (\ln x)^n] = 0$ für $n \in \mathbb{N}$ ohne Beweis verwendet werden.

1. a) Zeigen Sie, dass $f'(x) = \frac{1}{2}(1 + \ln x)^2$ ist, und folgern Sie daraus ohne Verwendung der zweiten Ableitung, dass G_f keinen Extrempunkt besitzt. — Extrempunkt

   b) Ermitteln Sie das Krümmungsverhalten von G_f und weisen Sie nach, dass G_f genau einen Terrassenpunkt besitzt. Berechnen Sie dessen Koordinaten. — Krümmungsverhalten

   c) Untersuchen Sie das Verhalten von $f(x)$ und $f'(x)$ für $x \overset{>}{\to} 0$ und für $x \to +\infty$. Geben Sie die Wertemenge W_f der Funktion f an. — Randwerte, Wertemenge

   d) Berechnen Sie die Koordinaten der Schnittpunkte von G_f mit der Winkelhalbierenden des ersten Quadranten.
   [zur Kontrolle: $(e^{-1}|e^{-1})$, $(e|e)$]

2. Berechnen Sie $f(1{,}5)$ sowie $f(4)$ und zeichnen Sie G_f unter Verwendung aller bisherigen Ergebnisse im Bereich $0 < x \leqq 4$ (Längeneinheit 2 cm).

3. a) Weisen Sie nach, dass $F\colon\ x \mapsto \frac{x^2}{8}[2(\ln x)^2 - 2\ln x + 3]$ mit $x \in \mathbb{R}^+$ eine Stammfunktion von f ist. — Stammfunktion

   b) Berechnen Sie für $0 < u < e^{-1}$ den Inhalt der Gesamtfläche $A(u)$, die im Bereich $u \leqq x \leqq e$ zwischen G_f und der Winkelhalbierenden des ersten Quadranten liegt. Berechnen Sie $\lim\limits_{u \to 0} A(u)$. — Grenzfläche

4. Die Funktion f ist umkehrbar (Nachweis nicht erforderlich). Der Graph der Umkehrfunktion von f wird mit $G_{f^{-1}}$ bezeichnet.
   Geben Sie ohne Berechnung des Terms der Umkehrfunktion den Winkel an, unter dem G_f und $G_{f^{-1}}$ sich im Punkt $(e^{-1}|e^{-1})$ schneiden, und begründen Sie Ihr Ergebnis anschaulich. — Schnittwinkel

6.2 Lösungsweg

1.a) Ableitung

Wir wenden die Produktregel für das Differenzieren eines Produktes zweier Funktionen $u(x)$ und $v(x)$ an. Es gilt:

$$[u(x) \cdot v(x)]' = u'(x) \cdot v(x) + u(x) \cdot v'(x)$$

Mit $u(x) = \frac{x}{2}$ und $v(x) = 1 + (\ln x)^2$ erhalten wir (mit der Kettenregel bei $v(x)$):

$$u'(x) = \frac{1}{2}$$

$$v'(x) = \frac{1}{x} \cdot 2 \cdot \ln x = \frac{2 \ln x}{x}$$

Für $f(x) = u(x) \cdot v(x)$ ergibt sich somit für die Ableitung:

$$f'(x) = u'(x) \cdot v(x) + u(x) \cdot v'(x) =$$

$$= \frac{1}{2} \cdot [1 + (\ln x)^2] + \frac{x}{2} \cdot \frac{2 \ln x}{x}$$

$$f'(x) = \frac{1}{2}\,(1 + \ln x)^2$$

G_f besitzt keine Extrempunkte

Eine differenzierbare Funktion hat genau an solchen Stellen Extrempunkte, an denen ihre Ableitung einen Vorzeichenwechsel hat.
Die Funktion f kann damit keine Extrempunkte haben, weil $f'(x)$ nie negativ wird. (Der Klammerausdruck wird quadriert.)

1.b) Krümmungsverhalten

Merke

Eine Funktion f ist in einem Intervall linksgekrümmt, wenn in diesem Intervall $f''(x) > 0$ gilt.
Eine Funktion f ist in einem Intervall rechtsgekrümmt, wenn in diesem Intervall $f''(x) < 0$ gilt.

Zur Untersuchung des Krümmungsverhaltens benötigen wir also noch die zweite Ableitung. Mit der Kettenregel folgt:

$$f''(x) = \frac{1}{2} \cdot 2 \cdot (1 + \ln x) \cdot \frac{1}{x}$$

$$f''(x) = \frac{1 + \ln x}{x}$$

Um $f''(x)$ auf das Vorzeichen zu untersuchen, bestimmen wir die Stellen, an denen dieses wechseln kann. Das sind die Nullstellen von f'':

$$f''(x) = 0: \quad \frac{1 + \ln x}{x} = 0$$
$$\ln x = -1$$
$$x = e^{-1} \approx 0{,}368$$

f'' kann somit nur bei $x = e^{-1}$ das Vorzeichen ändern. Wegen $D_f = \mathbb{R}^+$ ist f'' dann in den Intervallen

$$0 < x < e^{-1} \text{ und } e^{-1} < x < \infty$$

jeweils entweder positiv oder negativ.
Was zutrifft, lässt sich durch Einsetzen eines Wertes aus dem jeweiligen Intervall in f'' feststellen. Es gilt:

Für $0 < x < e^{-1}$: $f''(0{,}1) \approx -13{,}0 < 0 \Rightarrow$ f ist rechtsgekrümmt .

Für $e^{-1} < x < \infty$: $f''(1) = 1 > 0 \Rightarrow$ f ist linksgekrümmt .

G_f besitzt einen Terrassenpunkt

> $W(x_0 | f(x_0))$ sei ein Wendepunkt der Funktion f. Man nennt W einen Terrassenpunkt, wenn f dort eine waagrechte Tangente hat, wenn also gilt:
>
> $f'(x_0) = 0$

Merke

Da $f''(x)$ nur bei $x = e^{-1}$ einen Vorzeichenwechsel hat, liegt an dieser Stelle der einzige Wendepunkt W. (1)

Wegen $f'(e^{-1}) = \frac{1}{2}(1 + \ln e^{-1})^2 = 0$ ist W Terrassenpunkt von G_f.

Mit $f(e^{-1}) = e^{-1}$ hat dieser die Koordinaten $W(e^{-1} | e^{-1})$. (2)

Wegen (1) und (2) ist W der einzige Terrassenpunkt von G_f.

Verhalten von f und f' an den Rändern des Definitionsbereichs **1.c)**

Mithilfe des Hinweises (wobei wir $n = 2$ verwenden) folgt

für f: $\lim\limits_{x \to +0} f(x) = \lim\limits_{x \to +0} \frac{x}{2} + \frac{1}{2} \lim\limits_{x \to +0} x(\ln x)^2 = 0 + 0 \quad \Rightarrow \quad \lim\limits_{x \to +0} f(x) = 0$

$\lim\limits_{x \to +\infty} \ln x = +\infty \quad \Rightarrow \quad \lim\limits_{x \to +\infty} (1 + (\ln x)^2) = +\infty \quad \Rightarrow \quad \lim\limits_{x \to +\infty} f(x) = +\infty$

für f': $\lim\limits_{x \to +0} \ln x = -\infty \quad \Rightarrow \quad \lim\limits_{x \to +0} \frac{1}{2}(1 + \ln x)^2 = +\infty \quad \Rightarrow \quad \lim\limits_{x \to +0} f'(x) = +\infty$

$\lim\limits_{x \to +\infty} \ln x = +\infty \quad \Rightarrow \quad \lim\limits_{x \to +\infty} \frac{1}{2}(1 + \ln x)^2 = +\infty \quad \Rightarrow \quad \lim\limits_{x \to +\infty} f'(x) = +\infty$

Wertemenge

Die Funktion f konvergiert für $x \to +0$ gegen null, ist monoton wachsend ($f'(x) \geqq 0$) und strebt für $x \to +\infty$ gegen $+\infty$. Daraus folgt $W_f = \mathbb{R}^+$.

1. d) Die Winkelhalbierende hat die Gleichung $y = x$. Zur Schnittpunktberechnung wird dieser Funktionsterm mit $f(x)$ gleichgesetzt:

$$f(x) = x$$

$$\frac{x}{2}[1 + (\ln x)^2] = x \qquad | \cdot 2 \qquad | : x \; (\neq 0, \text{ da } \notin D_f)$$

$$1 + (\ln x)^2 = 2$$

$$(\ln x)^2 = 1$$

$$\ln x = \pm 1 \quad \Rightarrow \quad x_1 = e^{-1}; \; x_2 = e$$

Wegen $y = x$ ergibt dies die Schnittpunkte $S_1(e^{-1}|e^{-1})$ und $S_2(e|e)$.

2. Es gilt:

$$f(1{,}5) = \frac{1{,}5}{2}[1 + (\ln 1{,}5)^2]$$

$f(1{,}5) \approx 0{,}87$

$$f(4) = \frac{4}{2}[1 + (\ln 4)^2]$$

$f(4) \approx 5{,}84$

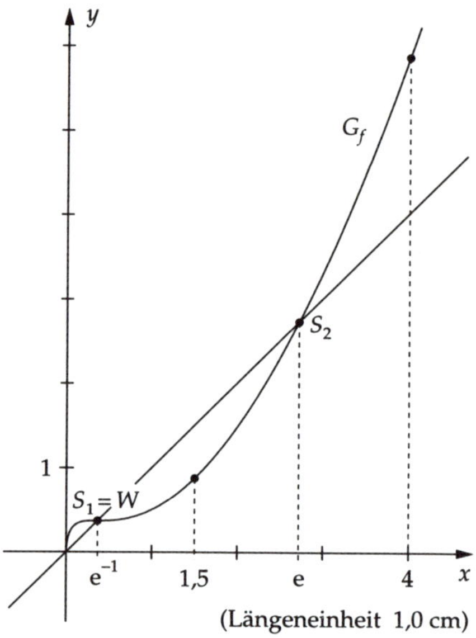

(Längeneinheit 1,0 cm)

3. a) Nach dem Hauptsatz der Differenzialrechnung ist die folgende Gleichung nachzuweisen: $F'(x) = f(x)$

Wir müssen also $F(x)$ (mithilfe der Quotienten- und Kettenregel) ableiten:

$$F'(x) = \frac{2x}{8}[2(\ln x)^2 - 2\ln x + 3] + \left[2 \cdot \frac{2\ln x}{x} - \frac{2}{x}\right] \cdot \frac{x^2}{8} =$$

$$= \frac{x}{2}(\ln x)^2 - \frac{x}{2}\ln x + \frac{3x}{4} + \frac{x}{2}\ln x - \frac{x}{4} = \frac{x}{2}(\ln x)^2 + \frac{x}{2} =$$

$$= \frac{x}{2}[1 + (\ln x)^2]$$

$F'(x) = f(x)$

Am Graphen der Funktion kann man erkennen, dass die Fläche aus zwei Teilflächen in den Bereichen $u \leqq x \leqq e^{-1}$ (wegen $S_1(e^{-1}|e^{-1})$) und $e^{-1} \leqq x \leqq e$ (wegen $S_2(e|e)$) besteht. **3. b)**

Da die Stammfunktion von f schon bekannt ist, müssen wir zur Flächenberechnung nur noch alle Werte einsetzen:

$$A(u) = \int_u^{e^{-1}} [f(x) - x]\,dx + \int_{e^{-1}}^{e} [x - f(x)]\,dx$$ (In jedem Teilbereich wird beim Integrieren die untere Funktion von der oberen abgezogen.)

$$A(u) = \left[\frac{x^2}{8}(2(\ln x)^2 - 2\ln x + 3) - \frac{x^2}{2}\right]_u^{e^{-1}} + \left[\frac{x^2}{2} - \frac{x^2}{8}(2(\ln x)^2 - 2\ln x + 3)\right]_{e^{-1}}^{e} =$$

$$= \frac{e^{-2}}{8}(2+2+3) - \frac{e^{-2}}{2} - \left[\frac{u^2}{8}(2(\ln u)^2 - 2\ln u + 3) - \frac{u^2}{2}\right] +$$

$$+ \frac{e^2}{2} - \frac{e^2}{8}(2-2+3) - \left[\frac{e^{-2}}{2} - \frac{e^{-2}}{8}(2+2+3)\right] =$$

$$= \frac{7e^{-2}}{8} - \frac{e^{-2}}{2} - \frac{1}{4}(u\ln u)^2 + \frac{u^2}{4}\ln u - \frac{3u^2}{8} + \frac{u^2}{2} + \frac{e^2}{8} - \frac{e^{-2}}{2} + \frac{7e^{-2}}{8}$$

$$A(u) = \frac{3e^{-2}}{4} + \frac{e^2}{8} - \frac{1}{4}(u\ln u)^2 + \frac{u^2}{4}\ln u + \frac{u^2}{8}$$

Mit dem Hinweis aus der Aufgabenstellung ergibt sich:

$$\lim_{u \to +0} \frac{1}{4}(u\ln u)^2 = \frac{1}{4}\left(\lim_{u \to +0} u\ln u\right)^2 = 0$$

$$\lim_{u \to +0} \frac{u^2}{4}\ln u = \lim_{u \to +0} \frac{u}{4} \cdot \lim_{u \to +0} u\ln u = 0$$

Da auch der Term $\frac{u^2}{8}$ gegen 0 konvergiert, folgt:

$$\lim_{u \to +0} A(u) = \frac{3e^{-2}}{4} + \frac{e^2}{8}$$

Die Funktion f hat im Punkt $S_1(e^{-1}|e^{-1})$ nach Teilaufgabe 1.b) eine waagrechte Tangente und schließt deshalb dort mit der Winkelhalbierenden einen Winkel von 45° ein. **4.**

Da die Winkelhalbierende die Symmetrieachse von f und f^{-1} ist, schneiden die Funktionen sich in diesem Punkt unter einem Winkel von 90°.

7. Eigenschaften von Funktionenscharen

7.1 Aufgabenstellung

Gegeben ist die Funktionenschar f_a durch $y = f_a(x) = \dfrac{5e^x}{e^x + a}$, $x, a \in \mathbb{R}$, $a > 0$.

Ihre Graphen in einem kartesischen Koordinatensystem seien mit G_a bezeichnet.

Monotonie, Randwerte und Wendepunkt

a) Untersuchen Sie die Graphen G_a auf Schnittpunkte mit der y-Achse und die Funktionen f_a auf Monotonie und ihr Verhalten für $x \to \pm\infty$.
Jeder Graph G_a besitzt genau einen Wendepunkt W_a.
Berechnen Sie die Koordinaten der Wendepunkte W_a.

[Ergebnis zur Kontrolle: $W_a(\ln a \mid 2{,}5)$]

Der Graph G_a mit $a = e^4$ ist in einem Intervall dargestellt.
Zeichnen Sie den Graphen G_2 im Intervall $-2 \leqq x \leqq 6$.

Hinweis:
Der Graph darf in das nebenstehende Koordinatensystem gezeichnet werden. In diesem Fall ist das Aufgabenblatt mit dem Namen zu beschriften und der Prüfungsarbeit beizufügen.

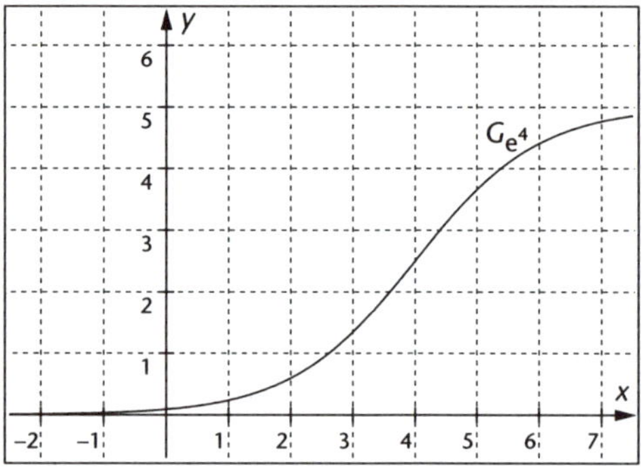

Schar der Wendetangenten

b) Weisen Sie nach, dass alle Wendetangenten t_a der Graphen G_a zueinander parallel sind.

Unter allen Wendetangenten t_a existiert genau eine, die durch den Koordinatenursprung verläuft.
Ermitteln Sie für diesen Fall den Wert des Parameters a.

Normalen, Dreiecksflächen

Die Wendetangenten t_a, die zu ihnen in den Wendepunkten W_a senkrecht verlaufenden Geraden und die x-Achse bilden jeweils ein Dreieck.
Zeigen Sie, dass diese Dreiecke gleiche Flächeninhalte besitzen.

Integrieren

c) Die beiden Graphen G_a für $a = 2$ und $a = e^4$ und die Geraden mit den Gleichungen $x = -2$ und $x = 6$ begrenzen eine Fläche.
Ermitteln Sie die Maßzahl des Inhaltes dieser Fläche.

Lösungsweg

7.2

Schnittpunkte mit der y-Achse

a)

$$x = 0: \quad y = f_a(0) = \frac{5e^0}{e^0 + a}$$

$$y = \frac{5}{1+a} \quad \Rightarrow \quad S\left(0 \middle| \frac{5}{1+a}\right)$$

Monotonie

Das Monotonieverhalten einer Funktion in D_f lässt sich allgemein wie folgt ermitteln:

Merke

1. Bestimmen sie f'.
2. Berechnen Sie die Nullstellen von f' in D_f.
3. Teilen Sie den Definitionsbereich D_f von f in Intervalle auf, die durch die Nullstellen von f' und die Ränder von D_f bestimmt sind.
4. Bestimmen Sie das Monotonieverhalten von f in jedem Intervall. Dazu wählt man eine Zahl a aus dem jeweiligen Intervall und berechnet $f'(a)$:

   $f'(a) > 0 \quad \Rightarrow \quad f$ ist in diesem Intervall streng monoton steigend.
   $f'(a) < 0 \quad \Rightarrow \quad f$ ist in diesem Intervall streng monoton fallend.

Anwendung auf die Funktion f_a

1. Ableitung: $f_a'(x) = \dfrac{5e^x(e^x + a) - e^x \cdot 5e^x}{(e^x + a)^2}$

   $$f_a'(x) = \frac{5ae^x}{(e^x + a)^2}$$

2. $f_a'(x) = 0: \quad \dfrac{5ae^x}{(e^x + a)^2} = 0 \qquad | \cdot (e^x + a)^2 \quad |: 5a$ ($\neq 0$ laut Aufgabenstellung)

   $e^x = 0 \Rightarrow$ Keine Lösung, da $e^x > 0$, also keine Nullstellen.

3. Da f_a' keine Nullstellen hat, ist $D_{f_a} = \mathbb{R}$ das einzige zu betrachtende Intervall.

4. Wir wählen $x \in \mathbb{R}$, z. B. $x = 0 \in D_{f_a}$. Damit gilt:

   $$f_a'(0) = \frac{5ae^0}{(e^0 + a)^2} = \frac{5a}{(1+a)^2} > 0 \text{ wegen } a > 0 \text{ und } (1+a)^2 > 0.$$

   $\Rightarrow$ f_a ist auf D_{f_a} streng monoton wachsend.

Verhalten für $x \to \pm\infty$

$x \to -\infty$: $\lim\limits_{x \to -\infty} f_a(x) = \lim\limits_{x \to -\infty} \dfrac{5e^x}{e^x + a} = \dfrac{5 \cdot 0}{0 + a}$, da $e^x \to 0$

$$\lim_{x \to -\infty} f_a(x) = 0$$

$x \to +\infty$: $\lim\limits_{x \to +\infty} f_a(x) = \lim\limits_{x \to +\infty} \dfrac{5 \cdot e^x}{e^x + a} =$

$$= \lim_{x \to +\infty} \frac{5e^x : e^x}{(e^x + a) : e^x} = \lim_{x \to +\infty} \frac{5}{1 + \frac{a}{e^x}}$$

$\lim\limits_{x \to +\infty} f_a(x) = 5$, da $\dfrac{a}{e^x} \to 0$

Wendepunkt

Berechnung von f_a''

Aus $f_a'(x) = \dfrac{5ae^x}{(e^x + a)^2}$ folgt:

$$f_a''(x) = \frac{5ae^x(e^x + a)^2 - 2(e^x + a) \cdot e^x \cdot 5ae^x}{(e^x + a)^4} =$$

$$= \frac{(e^x + a) \cdot [5ae^x(e^x + a) - 10ae^{2x}]}{(e^x + a)^4} =$$

$$= \frac{5ae^x(e^x + a) - 10ae^{2x}}{(e^x + a)^3} = \frac{-5ae^{2x} + 5a^2e^x}{(e^x + a)^3}$$

$$f_a''(x) = \frac{5ae^x(a - e^x)}{(e^x + a)^3}$$

Notwendige Bedingung

$f_a''(x) = 0$: $\dfrac{5ae^x(a - e^x)}{(e^x + a)^3} = 0 \quad |\cdot (e^x + a)^3 \quad |: 5ae^x \ (> 0)$

$$a - e^x = 0$$

$$x = \ln a$$

Tipp

> Ist die eindeutige Existenz eines Wendepunktes durch die Aufgabenstellung gesichert, dann können Sie bei dem Formalismus auf die Überprüfung einer hinreichenden Bedingung verzichten.

Mit $f_a(\ln a) = \dfrac{5e^{\ln a}}{e^{\ln a} + a} = 2{,}5$ bekommen wir somit für die Funktionenschar f_a den Wendepunkt $W_a(\ln a \,|\, 2{,}5)$.

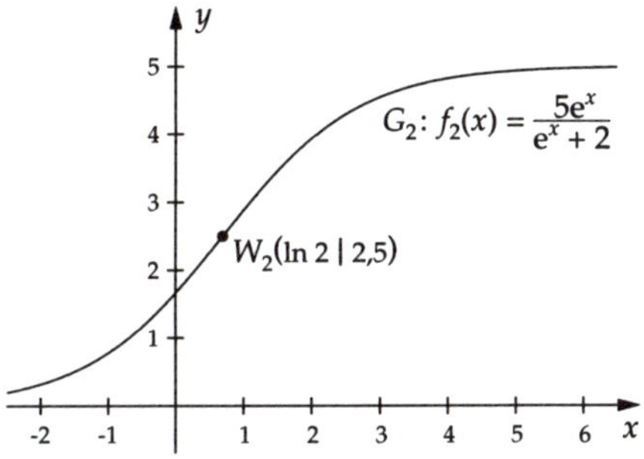

Parallelität der Wendetangenten

b)

Wir müssen zeigen, dass alle Wendetangenten t_a dieselbe Steigung haben.

Für die Tangente im Wendepunkt $W_a(\ln a \mid 2{,}5)$ gilt: $m_t = f_a'(\ln a) = \frac{5ae^{\ln a}}{(e^{\ln a} + a)^2}$

$$f_a'(\ln a) = \frac{5}{4}$$

Die Steigung ist also unabhängig von a, was zu zeigen war.

Wendetangente durch den Ursprung

Mit der Tangentengleichung (vgl. A1.2b)

$$t: y = f'(x_0) \cdot (x - x_0) + f(x_0)$$

folgt für die Tangente im Wendepunkt $W_a(\ln a \mid 2{,}5)$:

$$t_a: y = f_a'(\ln a)(x - \ln a) + 2{,}5 = \frac{5}{4}(x - \ln a) + 2{,}5$$

$$t_a: y = \frac{5}{4}x + 2{,}5 - 1{,}25 \cdot \ln a$$

Da die gesuchte Tangente durch $O(0 \mid 0)$ verlaufen soll, setzen wir $x = 0$ und $y = 0$ in t_a ein:

$$\begin{aligned} 0 &= \frac{5}{4} \cdot 0 + 2{,}5 - 1{,}25 \cdot \ln a \\ 1{,}25 \cdot \ln a &= 2{,}5 \\ \ln a &= 2 \\ a &= e^2 \end{aligned}$$

Berechnung der Dreiecksfläche I

algebraisch

Wir werden die Gleichheit der Dreiecksflächen zuerst dadurch beweisen, dass wir ihren Flächeninhalt berechnen. Dazu benötigen wir die Länge der Grundseite g und die Höhe h_g.

Normale im Wendepunkt W_a

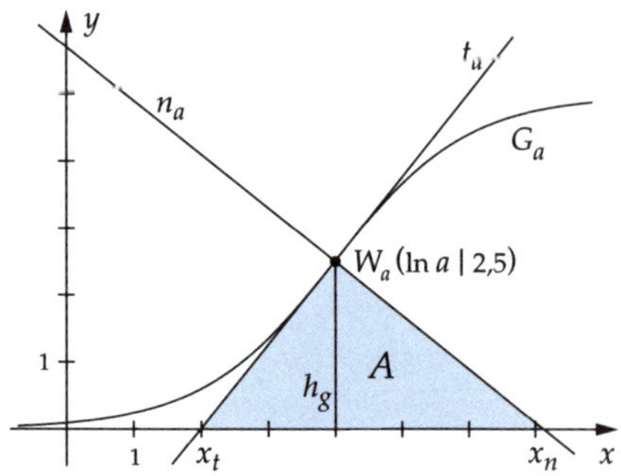

Mit der Normalengleichung

$$n:\ y = -\frac{1}{f'(x_0)}\cdot(x-x_0)+f(x_0)$$

(vgl. A3.2c) folgt für die Normale im Wendepunkt $W_a(\ln a|2{,}5)$:

$$n_a:\ y = -\frac{1}{f_a'(\ln a)}(x-\ln a)+2{,}5 =$$

$$= -\frac{4}{5}(x-\ln a)+2{,}5$$

$$n_a:\ y = -\frac{4}{5}x+2{,}5+\frac{4}{5}\ln a$$

Berechnung der Grundseite g des Dreiecks

g erhalten wir als Differenz der Nullstellen x_t und x_n von t_a und n_a:

$$x_t:\ 0=\frac{5}{4}x_t+2{,}5-1{,}25\cdot\ln a \quad\Rightarrow\quad x_t=\ln a-2$$

$$x_n:\ 0=-\frac{4}{5}x_n+2{,}5+\frac{4}{5}\ln a \quad\Rightarrow\quad x_n=\frac{25}{8}+\ln a$$

$$\Rightarrow\quad g = x_n - x_t$$

$$g = \frac{25}{8}+\ln a-(\ln a-2)=\frac{25}{8}+2$$

$$g=\frac{41}{8}$$

Fläche des Dreiecks

Für die Höhe h_g des Dreiecks gilt $h_g=2{,}5$, da h_g die y-Koordinate des Wendepunktes $W_a(\ln a|2{,}5)$ ist.
Damit gilt für die Dreiecksfläche A:

$$A=\frac{1}{2}g\cdot h_g=\frac{1}{2}\cdot\frac{41}{8}\cdot\frac{5}{2}$$

$$A=\frac{205}{32}$$

Da das Ergebnis unabhängig vom Scharparameter a ist, haben alle Dreiecke denselben Flächeninhalt.

Berechnung der Dreiecksfläche II

geometrisch

Die Flächengleichheit lässt sich auch ohne Rechnung durch Nachdenken beweisen:

Da alle Wendetangenten parallel sind, schließen sie mit der x-Achse denselben Winkel ein. Deshalb stimmen alle Dreiecke in einem Winkel überein.
Außerdem schließen bei allen Dreiecken die Wendetangente t_a und die dazu senkrechte Gerade n_a einen rechten Winkel ein.
Damit stimmen alle Dreiecke in zwei einander entsprechenden und in der gleichen Reihenfolge angeordneten Winkeln überein, sind also *ähnlich*.
Da alle Wendepunkte dieselbe y-Koordinate besitzen, haben alle Dreiecke dieselbe Höhe zu einander entsprechenden Grundseiten.
Die Dreiecke sind deshalb nicht nur ähnlich, sondern kongruent und somit flächengleich.

Fläche zwischen den Graphen

c)

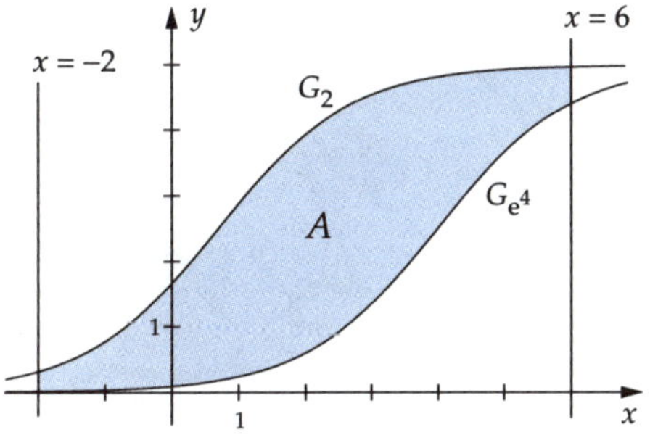

Für die gesuchte Fläche A gilt:

$$A = \int_{-2}^{6} [f_2(x) - f_{e^4}(x)]\, dx =$$

$$A = \int_{-2}^{6} \left(\frac{5e^x}{e^x + 2} - \frac{5e^x}{e^x + e^4} \right) dx = \int_{-2}^{6} \frac{5e^x}{e^x + 2}\, dx - \int_{-2}^{6} \frac{5e^x}{e^x + e^4}\, dx$$

Wir substituieren im linken Term: $u = e^x + 2$

$$\Rightarrow \quad \frac{du}{dx} = u'(x) = e^x\,;\ dx = \frac{du}{e^x}$$

im rechten Term: $v = e^x + e^4$

$$\Rightarrow \quad \frac{dv}{dx} = v'(x) = e^x\,,\ dx = \frac{dv}{e^x}$$

Bei der Integration mittels Substitution verändern sich auch die Integrationsgrenzen a bzw. b gemäß der Substitution!

Stellen Sie nach einer Substitution durch die Kennzeichnungen „$x = a$" bzw. „$x = b$" klar, dass sich die Grenzen auf die alte Integrationsvariable x beziehen. Diese dürfen dann erst *nach* der Rücksubstitution in die Stammfunktion für die Variable x eingesetzt werden.

!

Damit folgt: $A = \int\limits_{x=-2}^{x=6} \frac{5e^x}{u} \frac{du}{e^x} + \int\limits_{x=-2}^{x=6} \frac{5e^x}{v} \frac{dv}{e^x} =$

$$= \int\limits_{x=-2}^{x=6} \frac{5}{u}\, du - \int\limits_{x=-2}^{x=6} \frac{5}{v}\, dv =$$

$$= 5 \left[\ln|u| - \ln|v|\right]_{x=-2}^{x=6} =$$

$$= 5 \left[\ln(e^x + 2) - \ln(e^x + e^4)\right]_{x=-2}^{x=6} =$$

$$= 5\,[\ln(e^6 + 2) - \ln(e^6 + e^4) - (\ln(e^{-2} + 2) - \ln(e^{-2} + e^4))]$$

$A \approx 15{,}61$

Logarithmus mit l'Hospital und Integral 8.

Aufgabenstellung 8.1

Gegeben ist die Funktion f durch $f(x) = x \cdot (\ln x)^2$; $x > 0$.
Ihr Schaubild sei K.

a) Führen Sie eine Kurvenuntersuchung durch. — Kurvendiskussion
Wie verhält sich $f(x)$ für x gegen 0?
Zeichnen Sie K.

b) Die Tangente an K im Kurvenpunkt B schneidet die y-Achse im vom Koordinatenursprung O verschiedenen Punkt P. — Tangente und Berührpunkt
Bestimmen Sie die Abszisse von B so, dass die Strecken BP und BO gleich lang sind.

c) Die 1. Winkelhalbierende und K schließen eine Fläche ein, die unterhalb der 1. Winkelhalbierenden liegt.
Berechnen Sie deren Inhalt. Sie können dabei verwenden, dass für $x > 0$ die Funktion f_1 mit $f_1(x) = x \cdot \ln x$ eine Stammfunktion F_1 mit — Flächenbestimmung
$F_1(x) = -\frac{1}{4}x^2 + \frac{1}{2}x^2 \cdot \ln x$ hat.

d) Die Funktion g sei im offenen Intervall J mindestens dreimal differenzierbar und es gelte $g(x) > 0$ für $x \in J$. Außerdem sei x_0 eine Wendestelle von g. — zum Nachdenken
Untersuchen Sie, ob x_0 eine Wendestelle von h mit $h(x) = \ln\,[g(x)]$; $x \in J$ sein muss.

8.2 Lösungsweg

a)

Tipp

> Normalerweise sollte eine Aufgabe so gestellt sein, dass klar ist, wonach gefragt ist. In diesem Fall wird man mit dem Begriff „Kurvenuntersuchung" allein gelassen. Untersuchen Sie in so einer Situation nach bestem Wissen und Gewissen auf Symmetrie, Schnittpunkte mit den Achsen, Extrem- und Wendepunkte sowie auf das Verhalten von f an den Rändern der Definitionsmenge.

Symmetrie

Wegen der Definitionsmenge $D_f = \mathbb{R}^+$ ist weder eine Achsensymmetrie (zur y-Achse) noch eine Punktsymmetrie (zum Ursprung) möglich.

Schnittpunkte mit den Koordinatenachsen

Schnittpunkte mit der x-Achse

$f(x) = 0: \quad x \cdot (\ln x)^2 = 0$

Mit dem Satz vom Nullprodukt folgt: $x = 0$ oder $(\ln x)^2 = 0$

Da f für $x = 0$ nicht definiert ist (laut Aufgabenstellung gilt $x > 0$), folgt aus $(\ln x)^2 = 0$ die einzige Nullstelle $x = 1$ und somit der Schnittpunkt $N(1|0)$.

Schnittpunkt mit der y-Achse

Wegen $x > 0$ existiert kein gemeinsamer Punkt mit der y-Achse.

Ableitungen

Mithilfe von Produkt- und Kettenregel erhalten wir:

$$f'(x) = 1 \cdot (\ln x)^2 + x \cdot 2 \cdot \ln x \cdot \frac{1}{x}$$

$$f'(x) = (\ln x)^2 + 2 \ln x$$

$$f''(x) = 2 \cdot \ln x \cdot \frac{1}{x} + 2 \cdot \frac{1}{x}$$

$$f''(x) = \frac{2 \ln x + 2}{x}$$

$$f'''(x) = \frac{2 \cdot \frac{1}{x} \cdot x - 1 \cdot (2 \cdot \ln x + 2)}{x^2}$$

$$f'''(x) = -\frac{2 \ln x}{x^2}$$

Extrempunkte

Notwendige Bedingung

$$f'(x) = 0: \; (\ln x)^2 + 2\ln x = 0$$
$$\ln x(\ln x + 2) = 0$$

Mit dem Satz vom Nullprodukt folgt dann:

$$\ln x = 0 \quad \Rightarrow \quad x_1 = 1$$
oder $(\ln x + 2) = 0 \quad \Rightarrow \quad x_2 = \mathrm{e}^{-2} \approx 0{,}14$

Hinreichende Bedingung

$x_1 = 1:$ $\quad f''(1) = \dfrac{2 \cdot \ln 1 + 2}{1} = 2 > 0 \quad \Rightarrow \quad$ Minimum bei $x_1 = 1$

Aus $f(1) = 0$ folgt somit der Tiefpunkt $T(1|0)$ $= N$.

$x_2 = \mathrm{e}^{-2}:$ $\quad f''(\mathrm{e}^{-2}) = \dfrac{2 \cdot \ln \mathrm{e}^{-2} + 2}{\mathrm{e}^{-2}} = -2\mathrm{e}^2 < 0 \quad \Rightarrow \quad$ Maximum bei $x_2 = \mathrm{e}^{-2}$

Aus $f(\mathrm{e}^{-2}) = \mathrm{e}^{-2} \cdot (\ln \mathrm{e}^{-2})^2 = \mathrm{e}^{-2} \cdot 4 \approx 0{,}54$

folgt somit der Hochpunkt $H\left(\mathrm{e}^{-2} \middle| \dfrac{4}{\mathrm{e}^2}\right)$.

Wendepunkte

Notwendige Bedingung

$$f''(x) = 0$$
$$\frac{2\ln x + 2}{x} = 0$$
$$2\ln x = -2$$
$$\ln x = -1$$
$$x = \mathrm{e}^{-1} \approx 0{,}37$$

Hinreichende Bedingung

$f'''(\mathrm{e}^{-1}) = -\dfrac{2\ln \mathrm{e}^{-1}}{\mathrm{e}^{-2}} = 2\mathrm{e}^2 \neq 0 \quad \Rightarrow \quad$ Wendepunkt bei $x = \mathrm{e}^{-1}$

Mit $f(\mathrm{e}^{-1}) = \mathrm{e}^{-1}(\ln \mathrm{e}^{-1})^2 = \mathrm{e}^{-1}$ ergibt sich damit der Wendepunkt $W(\mathrm{e}^{-1}|\mathrm{e}^{-1})$.

Verhalten für $x \to \infty$

Wegen $x \to \infty$ und $(\ln x)^2 \to \infty$ gilt auch $f(x) \to \infty$.

Wir untersuchen weiter …

Verhalten für $x \to 0$

Für $x \to 0$ haben wir wegen $(\ln x)^2 \to \infty$ für den Grenzwert von f einen unbestimmten Ausdruck der Form $0 \cdot \infty$ vorliegen. Solche Ausdrücke können auch als Quotienten $\frac{\infty}{\infty}$ bzw. $\frac{0}{0}$ dargestellt werden, deren Grenzwerte sich mit der Regel von de l'Hospital berechnen lassen, *falls sie existieren.*

Merke

Bei der Berechnung der Grenzwerte von Quotienten $\frac{g(x)}{h(x)}$ für $x \to a \in \mathbb{R}$ gilt die Regel von de l'Hospital:

Streben für $x \to a$ die Funktionen $g(x)$ und $h(x)$ beide gegen null oder beide gegen unendlich und existiert der Grenzwert $\lim\limits_{x \to a} \frac{g'(x)}{h'(x)}$, dann gilt:

$$\lim_{x \to a} \frac{g(x)}{h(x)} = \lim_{x \to a} \frac{g'(x)}{h'(x)}$$

Die Regel gilt entsprechend auch für $x \to \infty$ oder $x \to -\infty$.

Um die Regel von de l'Hospital anzuwenden, müssen wir $f(x)$ als Quotienten darstellen:

$$f(x) = \frac{(\ln x)^2}{\frac{1}{x}} = \frac{g(x)}{h(x)}$$

Wegen $\quad \frac{g'(x)}{h'(x)} = \frac{\frac{1}{x} \cdot 2 \ln x}{-\frac{1}{x^2}} = -2x \ln x \quad$ wissen wir leider noch nicht, ob $\lim\limits_{x \to 0} \frac{g'(x)}{h'(x)}$ existiert, da für $x \to 0$ der erste Faktor $-2x$ gegen 0 und der zweite Faktor $\ln x$ gegen $-\infty$ strebt.

Wir wissen also noch nicht, ob alle Voraussetzungen für de l'Hospital erfüllt sind.

Deshalb wenden wir die Regel erneut auf $\frac{g'(x)}{h'(x)} = -2x \ln x = \frac{-2 \ln x}{\frac{1}{x}} = \frac{g_1(x)}{h_1(x)}$ an. Dabei ergibt sich:

$$\left.\begin{aligned} g_1'(x) &= -\frac{2}{x} \\ h_1'(x) &= -\frac{1}{x^2} \end{aligned}\right\} \quad \Rightarrow \quad \frac{g_1'(x)}{h_1'(x)} = \frac{-\frac{2}{x}}{-\frac{1}{x^2}} = 2x \to 0 \text{ für } x \to 0$$

Damit sind alle Voraussetzungen der Regel erfüllt und es gilt:

$$\frac{g'(x)}{h'(x)} \to 0 \text{ für } x \to 0$$

Mit $\lim\limits_{x \to 0} f(x) = \lim\limits_{x \to 0} \frac{g(x)}{h(x)} = \lim\limits_{x \to 0} \frac{g'(x)}{h'(x)}$ folgt dann: $\lim\limits_{x \to 0} f(x) = 0$

x	$f(x)$
0	0
0,5	0,24
1	0
2	0,96
3	3,62

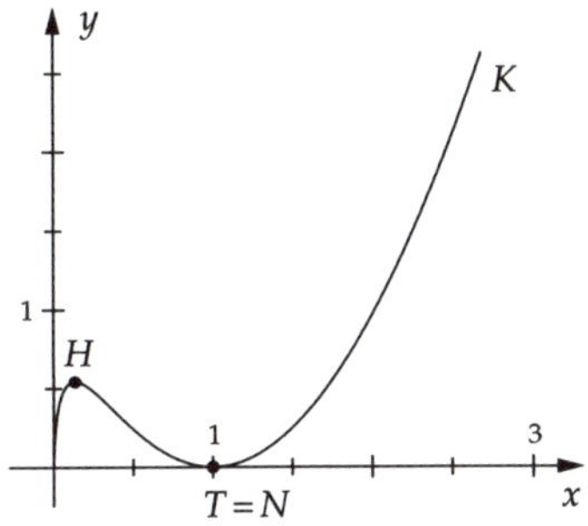

Gleichung der Tangente *t*

b)

Wir wählen für $u > 0$ den Punkt $B(u\,|\,f(u))$. Für die Gleichung der Tangente an K im Punkt B gilt dann:

$$y = f'(u)(x-u) + f(u)$$
$$y = [(\ln u)^2 + 2\ln u]\cdot(x-u) + u(\ln u)^2$$
$$t:\ y = [(\ln u)^2 + 2\ln u]\cdot x - 2u\ln u$$

Berechnung von *B*

Die Tangente t schneidet die y-Achse in $P(0\,|-2u\ln u)$. Die Strecken BP und BO sind genau dann gleich lang, wenn die y-Koordinate von P doppelt so groß ist wie die y-Koordinate von $B(u\,|\,f(u))$. (Denn dann ist das Dreieck OBP gleichschenklig mit der Basis OP.)

$$2f(u) = -2u\ln u$$
$$2u(\ln u)^2 = -2u\ln u \qquad |:\ 2u\ (>0 \text{ laut Aufgabenstellung})$$
$$(\ln u)^2 = -\ln u$$
$$\ln u(\ln u + 1) = 0$$

Hieraus erhalten wir die Lösungen: $\ln u = 0 \quad\Rightarrow\quad u = 1$
$\ln u + 1 = 0 \quad\Rightarrow\quad u = e^{-1}$

Da für $u = 1$ der Punkt $P(0\,|-2u\ln u)$ mit dem Ursprung $O(0\,|\,0)$ zusammenfällt, erhalten wir für die gesuchte Abszisse die Lösung $u = e^{-1}$, also die Wendestelle.

c)

Das Integrationsintervall für die Flächenberechnung ist durch die Schnittstellen der Winkelhalbierenden mit f gegeben. Mit diesen Schnittstellen und der mittels Produktintegration zu berechnenden Stammfunktion von f lässt sich dann die Fläche ermitteln.

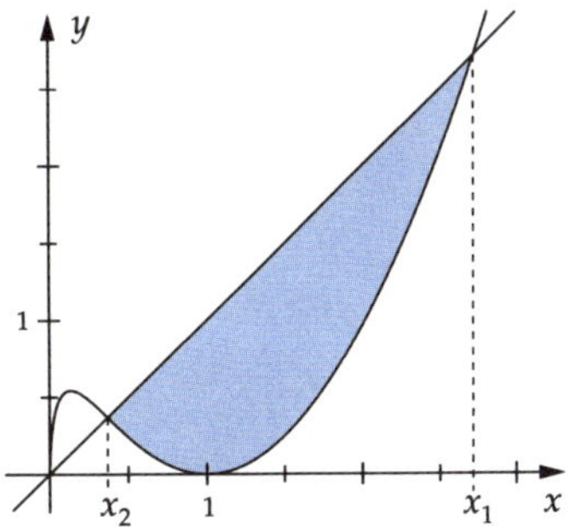

Schnittstellen von f mit der 1. Winkelhalbierenden

Die erste Winkelhalbierende hat die Gleichung $y = x$. Die Schnittstellen ergeben sich damit aus der Lösung der Gleichung $f(x) = x$.

$$\begin{aligned} x(\ln x)^2 &= x \qquad |: x > 0 \\ (\ln x)^2 &= 1 \\ \ln x &= \pm 1 \end{aligned}$$

$$x_1 = \mathrm{e} \quad ; \quad x_2 = \mathrm{e}^{-1}$$

Stammfunktion F von f

Merke

Zur Bestimmung einer Stammfunktion von $u'(x) \cdot v(x)$ gilt die Produktregel:

$$\int u'(x) \cdot v(x)\, \mathrm{d}x = u(x) \cdot v(x) - \int u(x) \cdot v'(x)\, \mathrm{d}x$$

Für $u(x)$ kann dabei eine beliebige Stammfunktion von $u'(x)$ verwendet werden.

Für die Berechnung der Stammfunktion $\int f(x)\, \mathrm{d}x = \int x \cdot (\ln x)^2\, \mathrm{d}x$ nehmen wir jetzt den Hinweis etwas näher unter die Lupe.
Bei der Anwendung der Produktregel müssen wir entscheiden, wie dem Integranden die Funktionen u' und v zuzuordnen sind. Da der Hinweis eine Stammfunktion für den Funktionsterm $x \cdot \ln x$ angibt, liegt die Zuordnung $u'(x) = x \cdot \ln x$ bzw. $v(x) = \ln x$ nahe, da dann bei der Produktintegration die angegebene Stammfunktion benutzt werden kann:

$$u'(x) = x \cdot \ln x \quad \text{mit} \quad u(x) = -\frac{1}{4}x^2 + \frac{1}{2}x^2 \ln x$$

$$v(x) = \ln x \quad \Rightarrow \quad v'(x) = \frac{1}{x}$$

Damit liefert die Produktregel:

$$\begin{aligned} \int f(x)\, \mathrm{d}x &= \int x \ln x \cdot \ln x\, \mathrm{d}x = \\ &= \left(-\frac{1}{4}x^2 + \frac{1}{2}x^2 \ln x\right) \cdot \ln x - \int \left(-\frac{1}{4}x^2 + \frac{1}{2}x^2 \ln x\right) \cdot \frac{1}{x}\, \mathrm{d}x = \\ &= -\frac{1}{4}x^2 \ln x + \frac{1}{2}x^2 (\ln x)^2 - \int \left(-\frac{1}{4}x + \frac{1}{2}x \ln x\right) \mathrm{d}x = \\ &= -\frac{1}{4}x^2 \ln x + \frac{1}{2}x^2 (\ln x)^2 + \frac{1}{8}x^2 - \frac{1}{2}\left(-\frac{1}{4}x^2 + \frac{1}{2}x^2 \ln x\right) \end{aligned}$$

$$\int f(x)\, \mathrm{d}x = -\frac{1}{2}x^2 \ln x + \frac{1}{2}x^2 (\ln x)^2 + \frac{1}{4}x^2$$

Flächenberechnung

Aus der Skizze am Anfang von Teil c) ist ersichtlich, dass die Winkelhalbierende zwischen den Schnittpunkten $x_1 = \mathrm{e}$ und $x_2 = \mathrm{e}^{-1}$ *über* f liegt. Mit der berechneten Stammfunktion von f folgt dann für die Fläche A:

$$A = \int_{\mathrm{e}^{-1}}^{\mathrm{e}} [x - f(x)]\,\mathrm{d}x$$

$$= \left[\frac{1}{2}x^2 - \left(-\frac{1}{2}x^2 \ln x + \frac{1}{2}x^2(\ln x)^2 + \frac{1}{4}x^2\right)\right]_{\mathrm{e}^{-1}}^{\mathrm{e}}$$

$$= \left[\frac{1}{4}x^2 + \frac{1}{2}x^2 \ln x - \frac{1}{2}x^2(\ln x)^2\right]_{\mathrm{e}^{-1}}^{\mathrm{e}}$$

$$= \frac{1}{4}\mathrm{e}^2 + \frac{1}{2}\mathrm{e}^2 - \frac{1}{2}\mathrm{e}^2 - \left(\frac{1}{4}\mathrm{e}^{-2} - \frac{1}{2}\mathrm{e}^{-2} - \frac{1}{2}\mathrm{e}^{-2}\right)$$

$$A = \frac{1}{4}\mathrm{e}^2 + \frac{3}{4}\mathrm{e}^{-2} \approx 1{,}95$$

d)

Wir haben hier zu untersuchen, welche der beiden einander ausschließenden Möglichkeiten zutrifft:

1. Aus den angegebenen Eigenschaften der Funktion g folgt, dass x_0 auch für die Funktion h eine Wendestelle ist.
2. Es gibt eine Funktion g, die die genannten Bedingungen erfüllt, x_0 ist aber keine Wendestelle der Funktion h.

Wir prüfen also in diesem Sinne, „ob x_0 eine Wendestelle von h sein muss“, wobei wir die für g geforderten Eigenschaften benutzen.

Zur Überprüfung, ob $x_0 \in J$ notwendigerweise eine Wendestelle der Funktion $h(x) = \ln[g(x)]$ ist, leiten wir h zunächst zweimal ab:

$$h'(x_0) = \frac{g'(x_0)}{g(x_0)} \qquad (g(x_0) > 0 \;\text{ laut Aufgabe})$$

$$h''(x_0) = \frac{g''(x_0)\,g(x_0) - g'(x_0)^2}{g(x_0)^2}$$

Da g bei x_0 eine Wendestelle hat, gilt $g''(x_0) = 0$ und es folgt: $h''(x_0) = -\dfrac{g'(x_0)^2}{g(x_0)^2}$

Die notwendige Bedingung $h''(x_0) = 0$ für eine Wendestelle von h bei x_0 ist nicht erfüllt für eine Funktion g mit $g'(x_0) \neq 0$. In diesem Fall hat h keine Wendestelle bei x_0, es trifft also die zweite der oben genannten Alternativen zu. (Ein konkretes Gegenbeispiel wäre etwa die Funktion $g(x) = x^3 + x + 2$ im Intervall $]-1;1[$ mit der Wendestelle $x_0 = 0$.)

9. Integralfunktion und Rotationskörper

9.1 Aufgabenstellung

1. Gegeben ist die Funktion $f\colon x \mapsto \frac{4(1-\ln x)}{(\ln x)^2}$ mit $D_f =]1; +\infty[$.
   Der Graph von f wird mit G_f bezeichnet.

Randwerte

   a) Geben Sie die Nullstelle von f an und untersuchen Sie das Verhalten von f an den Rändern von D_f.

Monotonien, Extrempunkt

   b) Bestimmen Sie die Monotoniebereiche von f und zeigen Sie, dass G_f genau einen Extrempunkt E besitzt. Geben Sie auch Art und Koordinaten von E an.

   $\left[\text{zur Kontrolle: } f'(x) = \frac{4(\ln x - 2)}{x(\ln x)^3}\right]$

   c) Berechnen Sie $f(2)$ und $f(12)$ und zeichnen Sie G_f unter Berücksichtigung aller bisherigen Ergebnisse (Längeneinheit 1 cm).

Wendepunktnachweis

   d) Begründen Sie ohne Verwendung der 2. Ableitung von f, dass G_f mindestens einen Wendepunkt besitzen muss.

Stammfunktion

   e) Weisen Sie nach, dass durch $F(x) = -\frac{4x}{\ln x} + 4e$ eine integralfreie Darstellung der Funktion $x \mapsto \int_e^x f(t)\,dt$ für $x > 1$ gegeben ist.

Grenzfläche

   f) G_f und die x-Achse begrenzen im vierten Quadranten ein sich ins Unendliche erstreckendes Flächenstück. Untersuchen Sie, ob dieses einen endlichen Inhalt besitzt.

2. In nebenstehender Figur ist der Querschnitt eines bezüglich der y-Achse rotationssymmetrischen, massiven Werkstücks gegeben. Ein Teil der Berandung des Querschnitts ist der Graph G_h der Funktion $h\colon x \mapsto 3\sqrt{x-1}$ mit $x \in [1; 10]$.

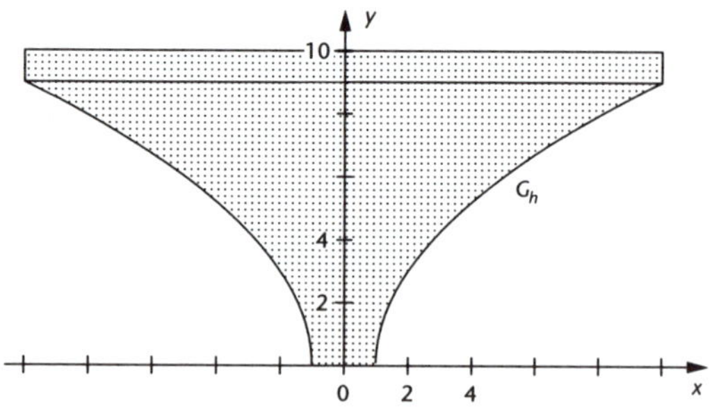

   a) Berechnen Sie den Flächeninhalt des Querschnitts.

Umkehrfunktion

   b) Bestimmen Sie die Gleichung der Umkehrfunktion h^{-1} von h und geben Sie den Definitions- und Wertebereich von h^{-1} an.

Rotationskörpervolumen

   c) Begründen Sie, dass $10^2\pi + \int_0^9 \left(1 + \frac{1}{9}x^2\right)^2 \cdot \pi\,dx$ das Volumen des Werkstücks angibt, und berechnen Sie dieses.

Lösungsweg 9.2

Nullstellen 1.a)

$$f(x)=0: \quad \frac{4(1-\ln x)}{(\ln x)^2} = 0 \qquad \Big| \cdot \frac{(\ln x)^2}{4}$$
$$1-\ln x = 0$$
$$x = \mathrm{e} \quad \Rightarrow \quad N(\mathrm{e}\,|\,0)$$

Verhalten von *f* an den Rändern von D_f

$x \to 1$: Wegen $\ln x \to 0$ folgt $4(1-\ln x) \to 4$ und $(\ln x)^2 \to +0$
$\Rightarrow \quad f(x) \to +\infty$
(Damit ist die Gerade $x=1$ eine senkrechte Asymptote von f.)

$x \to +\infty$: Dann gilt $\ln x \to +\infty$ und somit $f(x) = \frac{4}{(\ln x)^2} - \frac{4}{\ln x} \to 0$.
(Wegen $4(1-\ln x) < 0$ und $(\ln x)^2 > 0$ ist $f(x) < 0$ und es gilt somit: $f(x) \to -0$
Die x-Achse ist also eine waagrechte Asymptote und wird von unten angenähert.)

Monotoniebereiche von *f* 1.b)

Die Monotonieintervalle von f werden durch die Stellen bestimmt, an denen f' einen Vorzeichenwechsel hat. Wir berechnen also die Nullstellen von f'.

Ableitung von *f*

Mit der Quotientenregel folgt:

$$f'(x) = \frac{-\frac{4}{x}(\ln x)^2 - \frac{1}{x}\cdot 2\ln x \cdot 4(1-\ln x)}{(\ln x)^4} =$$
$$= \frac{-4(\ln x)^2 - 8(1-\ln x)\ln x}{x(\ln x)^4} = \frac{4\ln x\,(-\ln x - 2(1-\ln x))}{x(\ln x)^4}$$
$$f'(x) = \frac{4(\ln x - 2)}{x(\ln x)^3}$$

Nullstellen von *f'*

$$f'(x)=0: \quad \frac{4(\ln x - 2)}{x(\ln x)^3} = 0 \qquad \Big| \cdot \frac{x(\ln x)^3}{4}$$
$$\ln x - 2 = 0$$
$$\ln x = 2 \quad \Rightarrow \quad x = \mathrm{e}^2 \approx 7{,}39$$

Vorzeichenwechsel von f'

f' hat die einzige Nullstelle bei $x = e^2$, kann also nur dort einen Vorzeichenwechsel haben.
Um das Vorzeichen von f' in $]1; e^2[$ und $]e^2; \infty[$ festzustellen, wählen wir zwei Werte in diesen Intervallen und berechnen f'.

$]1; e^2[$: Mit $e \in]1; e^2[$ und $f'(e) = \frac{4(1-2)}{e \cdot 1^3} < 0$ folgt:

$f'(x) < 0 \quad \Rightarrow$ f ist streng monoton fallend.

$]e^2; \infty[$: Aus $e^3 \in]e^2; \infty[$ und $f'(e^3) = \frac{4(3-2)}{e^3 \cdot 3^3} > 0$ erhalten wir:

$f'(x) > 0 \quad \Rightarrow$ f ist streng monoton wachsend.

Extrempunkt von *f*

f hat genau dann einen Extrempunkt, wenn f' einen Vorzeichenwechsel hat.
Da f' nur bei $x = e^2$ einen Vorzeichenwechsel hat (s. oben), ist dort der einzige Extrempunkt.
Aus dem Monotonieverhalten und $f(e^2) = -1$ folgt der Tiefpunkt $T(e^2 | -1)$.

1.c) Mit $f(2) = \frac{4(1-\ln 2)}{(\ln 2)^2} \approx 2{,}55$ und $f(12) = \frac{4(1-\ln 12)}{(\ln 12)^2} \approx -0{,}96$ sowie

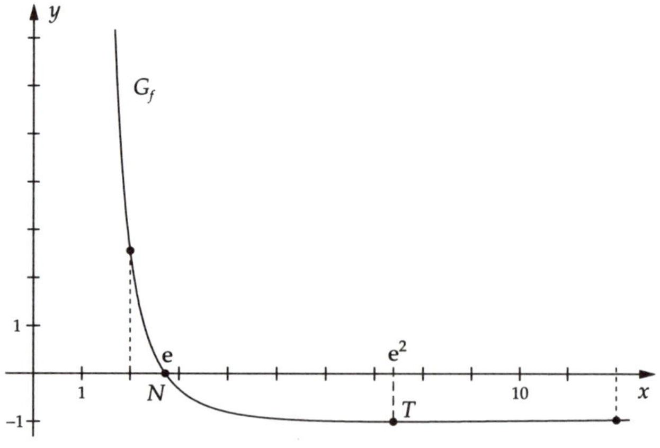

1.d) den bisherigen Resultaten ergibt sich für den Graphen G_f das Schaubild:
Wendepunkte sind Extrempunkte der Ableitung f'.
Für die Ränder des Definitionsbereichs $]1; \infty[$ gilt $f'(x) \to -\infty$ für $x \to 1$ und $\lim\limits_{x \to +\infty} f'(x) = 0$.

Da f' im Definitionsbereich stetig ist und positive Werte annimmt (also größere Werte als an den Rändern), hat f' ein globales Maximum. Also hat f' einen Extrempunkt und somit f einen Wendepunkt.

Zu zeigen ist: **1.e)**

1. $F'(x) = f(x)$

$$F'(x) = -\frac{4\ln x - \frac{1}{x}\cdot 4x}{(\ln x)^2} = \frac{4 - 4\ln x}{(\ln x)^2}$$

$F'(x) = f(x)$

2. $F(e) = 0$
(Da die angegebene Integralfunktion $x \to \int_e^x f(t)\,dt$ für $x = e$ ebenfalls den Wert null annimmt.)

$$F(e) = -\frac{4e}{1} + 4e = 0$$

Also gilt $F(x) = \int_e^x f(t)\,dt$.

Am Schaubild von f erkennt man für das gefragte Flächenstück den Integrationsbereich $[e; \infty[$. Wir können also die Integralfunktion aus A 9.1 c) benutzen. Dabei gilt zunächst für die Teilfläche A_u, die von G_f, der x-Achse und der Geraden $x = u$ begrenzt wird: **1.f)**

$$A_u = \left|\int_e^u f(t)\,dt\right| = |F(u)| = \left|-\frac{4u}{\ln u} + 4e\right|$$

Für $u \to +\infty$ gilt $-\frac{4u}{\ln u} \to -\infty$.

A_u strebt also gegen unendlich; das Flächenstück hat demnach keinen endlichen Inhalt.

2.a)

Die rechte Querschnittsfläche besteht aus zwei Teilflächen A_1 und A_2 über den Intervallen $[0; 1]$ und $[1; 10]$.

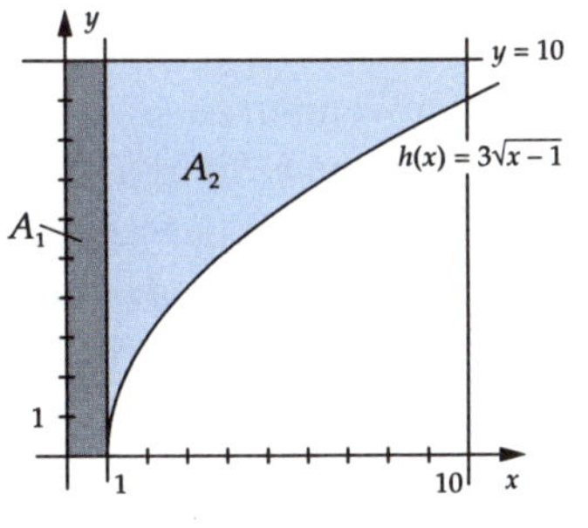

Für A_1 gilt: $A_1 = 1 \cdot 10 = 10$

A_2 wird von der oberen Funktion $y = 10$ und der unteren Funktion h begrenzt.

Damit gilt:

$$A_2 = \int_1^{10} [10 - h(x)]\,dx = \int_1^{10} (10 - 3\sqrt{x-1})\,dx = \int_1^{10} (10 - 3(x-1)^{\frac{1}{2}})\,dx =$$

$$= \left[10x - 3\cdot\frac{2}{3}(x-1)^{\frac{3}{2}}\right]_1^{10} = 10\cdot 10 - 2\cdot 9^{\frac{3}{2}} - (10\cdot 1 - 2\cdot 0)$$

$A_2 = 36$

Die Querschnittsfläche A ist somit wegen der Symmetrie zur y-Achse gegeben durch:

$$A = 2 \cdot (A_1 + A_2) = 92$$

2.b)

Merke

Zur Bestimmung der Umkehrfunktion f^{-1} einer Funktion f lösen Sie die Funktionsgleichung $y = f(x)$ nach x auf und vertauschen danach die Variablen.

Für die Definitions- und Wertemenge von f^{-1} gilt: $D_{f^{-1}} = W_f$; $W_{f^{-1}} = D_f$

Aus $D_h = [1; 10]$ und $h(x) = 3\sqrt{x-1}$ folgt $W_h = [0; 9]$.
Zur Berechnung der Umkehrfunktion h^{-1} lösen wir die Funktionsgleichung $y = 3\sqrt{x-1}$ nach x auf. Für $x \in D_h$ und $y \in W_h$ gilt dann:

$$y = 3\sqrt{x-1} \underset{(y \geqq 0)}{\Leftrightarrow} y^2 = 9(x-1) \Leftrightarrow x = \frac{y^2}{9} + 1$$

Nach Umbenennung der Variablen erhalten wir:

$$h^{-1}: y = \frac{x^2}{9} + 1 \qquad D_{h^{-1}} = [0; 9]; \quad W_{h^{-1}} = [1; 10]$$

2.c)

Merke

Die Funktion f begrenze im Intervall $[a, b]$ mit der x-Achse eine Fläche. Der Rotationskörper, der entsteht, wenn diese Fläche um die x-Achse rotiert, hat dann das Volumen:

$$V = \pi \int_a^b [f(x)]^2 \, dx$$

Um den Satz (der keine Aussage über eine Rotation um die y-Achse macht) auf das Werkstück anwenden zu können, lassen wir die Umkehrfunktion h^{-1} und die Gerade $y = 10$ um die x-Achse rotieren (s. Skizze).
Das Werkstück hat dasselbe Volumen wie der zur x-Achse rotationssymmetrische Körper mit den Berandungskurven $h^{-1}(x)$ in $[0; 9]$ und $y = 10$ in $[9; 10]$.

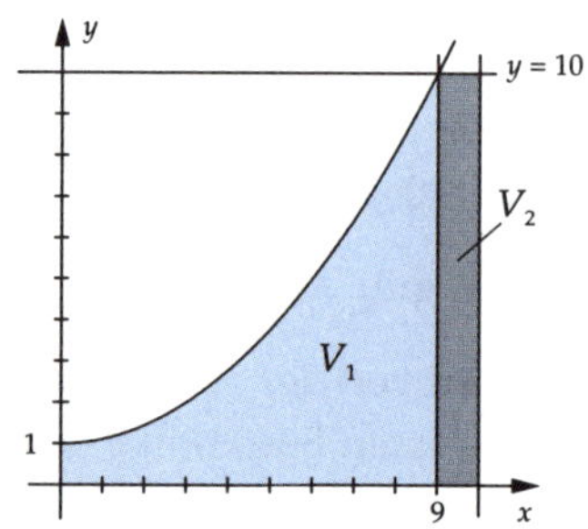

Das Volumen setzt sich also zusammen aus zwei Teilvolumina V_2 und V_1 mit:

$V_2 = \pi \cdot 10^2 \cdot 1 = 100\,\pi$ (Zylinder mit Grundkreisradius $r = 10$ und Höhe $h = 1$)

$$V_1 = \pi \int_0^9 \left(\frac{x^2}{9} + 1\right)^2 \mathrm{d}x = \pi \int_0^9 \left(\frac{x^4}{81} + \frac{2}{9}x^2 + 1\right) \mathrm{d}x = \pi \left[\frac{x^5}{405} + \frac{2}{27}x^3 + x\right]_0^9$$

$$V_1 = 208{,}8\,\pi$$

Für das Gesamtvolumen erhalten wir demnach:

$$V = V_1 + V_2 = 208{,}8\,\pi + 100\,\pi$$

$$V = 308{,}8\,\pi \approx 970{,}12$$

10. Integralfunktion, Umkehrfunktion, Flächenvergleich

10.1 Aufgabenstellung

Gegeben ist die Schar der Funktionen $f_k:\ x \mapsto \dfrac{kx}{x^2 - k^2}$ mit $k \in \mathbb{R}^+$ und maximaler Definitionsmenge D_k. Der Graph von f_k wird mit G_k bezeichnet.

1. a) Bestimmen Sie D_k und untersuchen Sie G_k auf Symmetrie und Schnittpunkte mit den Koordinatenachsen.

Randwerte

b) Geben Sie das Verhalten von f_k an den Rändern von D_k an.

2. a) Bestätigen Sie, dass gilt: $f_k'(x) = \dfrac{-k \cdot (x^2 + k^2)}{(x^2 - k^2)^2}$

Untersuchen Sie f_k auf Monotonie.

Wendetangente

b) Zeigen Sie, dass der Ursprung der einzige Wendepunkt von G_k ist, und geben Sie eine Gleichung der Wendetangente t_k an.

parallele Tangenten

c) Bestimmen Sie die Koordinaten aller weiteren Punkte von G_k, in denen die Tangenten parallel zu t_k verlaufen.

3. Zeichnen Sie G_2 unter Verwendung aller bisherigen Ergebnisse (Längeneinheit 1 cm).

4. Gegeben ist die Integralfunktion $F:\ x \mapsto \int\limits_3^x f_2(t)\,dt$ mit $x \in\,]2; \infty[$.

Umkehrfunktion

a) Begründen Sie ohne weitere Rechnung, dass F umkehrbar ist.

Stammfunktion

b) Ermitteln Sie eine integralfreie Darstellung von F und bestätigen Sie, dass für die Umkehrfunktion F^{-1} gilt: $F^{-1}(x) = \sqrt{5e^x + 4}$

5. Gegeben ist die Funktion $h:\ x \mapsto \dfrac{1}{x-2}$ mit $x \in [0; 2[$. Ihr Graph wird mit G_h bezeichnet.

Abschätzung

a) Weisen Sie nach, dass für $0 \leqq x < 2$ gilt: $h(x) < f_2(x)$

Grenzfläche

b) Im vierten Quadranten liegt zwischen den Graphen G_2 und G_h ein Flächenstück. Zeigen Sie, dass dieses einen endlichen Inhalt besitzt, und geben Sie ihn an.

Lösungsweg

10.2

Definitionsmenge

1. a)

Die Nullstellen des Nenners sind Definitionslücken:

$$x^2 - k^2 = 0$$
$$x_{1,2} = \pm k \quad \text{bzw.} \quad D_k = \mathbb{R} \setminus \{-k; k\}$$

Symmetrie

Für (zur y-Achse) achsensymmetrische Funktionen gilt: $f(-x) = f(x)$

Für (zum Ursprung) punktsymmetrische Funktionen gilt: $f(-x) = -f(x)$

Merke

Wir setzen also $-x$ in f_k ein und erhalten dabei:

$$f_k(-x) = \frac{k \cdot (-x)}{(-x)^2 - k^2} = \frac{-kx}{x^2 - k^2} = -\frac{kx}{x^2 - k^2}$$
$$f_k(-x) = -f_k(x)$$

Damit ist f_k punktsymmetrisch zum Ursprung.

Schnittpunkte mit den Koordinatenachsen

Mit der x-Achse $(f_k(x) = 0)$: $\dfrac{kx}{x^2 - k^2} = 0 \quad |\cdot (x^2 - k^2) \quad |:k \quad (\neq 0 \text{ für } x \in D_k)$

$$x = 0$$

f_k schneidet somit die x-Achse im Ursprung $O(0|0)$. Dies ist auch der Schnittpunkt von f_k mit der y-Achse.

1. b)

$x \to -\infty$: Da der Grad des Nenners größer als der Grad des Zählers ist, gilt: $\lim\limits_{x \to -\infty} f_k(x) = 0$

Für $x < -k$ ist der Zähler negativ und der Nenner positiv, $f_k(x)$ ist also negativ.

Für $x \to -\infty$ nähert sich f_k damit der x-Achse von unten.

$x \to +\infty$: Auch hier gilt: $\lim\limits_{x \to \infty} f_k(x) = 0$

Für $x > k$ sind der Zähler und der Nenner und damit auch $f_k(x)$ positiv.

Für $x \to +\infty$ nähert sich f_k der x-Achse also von oben.

Unter den Rändern des Definitionsbereichs einer Funktion versteht man nicht nur die „Werte" $\pm\infty$, sondern auch alle Definitionslücken!

!

$x \to -k \ (x < -k):$ $\left.\begin{array}{l} kx \to -k^2 < 0 \\ x^2 - k^2 \to 0\,;\ x^2 - k^2 > 0 \end{array}\right\}$ $\Rightarrow$ $f_k(x) \to -\infty$

$x \to -k \ (x > -k):$ $\left.\begin{array}{l} kx \to -k^2 < 0 \\ x^2 - k^2 \to 0\,;\ x^2 - k^2 < 0 \end{array}\right\}$ $\Rightarrow$ $f_k(x) \to +\infty$

$x \to k \ (x < k):$ $\left.\begin{array}{l} kx \to k^2 > 0 \\ x^2 - k^2 \to 0\,;\ x^2 - k^2 < 0 \end{array}\right\}$ $\Rightarrow$ $f_k(x) \to -\infty$

$x \to k \ (x > k):$ $\left.\begin{array}{l} kx \to k^2 > 0 \\ x^2 - k^2 \to 0\,;\ x^2 - k^2 > 0 \end{array}\right\}$ $\Rightarrow$ $f_k(x) \to +\infty$

2. a) Ableitung

Mithilfe der Quotientenregel berechnen wir:

$$f_k'(x) = \frac{k \cdot (x^2 - k^2) - 2x \cdot kx}{(x^2 - k^2)^2} = \frac{-kx^2 - k^3}{(x^2 - k^2)^2}$$

$$f_k'(x) = \frac{-k(x^2 + k^2)}{(x^2 - k^2)^2}$$

Monotonie

Um die Monotonieintervalle einer Funktion f zu bestimmen, berechnet man die Nullstellen von f'. Die zu untersuchenden Intervalle ergeben sich dann aus diesen Nullstellen *und* aus den Rändern des Definitionsbereiches (vgl. A7.2a).

In diesen Intervallen ist f entweder streng monoton fallend (falls $f'(x) < 0$) oder streng monoton steigend (falls $f'(x) > 0$).

Nullstellen von f_k'

$$f_k'(x) = 0: \quad \frac{-k(x^2 + k^2)}{(x^2 - k^2)^2} = 0 \qquad | \cdot (x^2 - k^2)^2 \quad | : (-k) \ (\neq 0)$$

$$x^2 + k^2 = 0$$

$$x^2 = -k^2 < 0 \quad \Rightarrow \quad \text{keine Lösung}$$

Monotonieverhalten auf den Intervallen

In unserem Fall gibt es also keine Nullstellen von f_k'. Wir haben aber die Ränder $-\infty$, $-k$, k und $+\infty$.

Da $f_k'(x)$ für alle x-Werte negativ ist (für $k \in \mathbb{R}^+$ ist der Zähler negativ und der Nenner positiv), gilt:

f_k ist streng monoton fallend in den Intervallen $]-\infty; -k[$, $]-k; k[$ und $]k; \infty[$.

Wendepunkt

2. b)

Berechnung von f_k''

$$f_k''(x) = \frac{-2kx \cdot (x^2-k^2)^2 - 2 \cdot 2x(x^2-k^2) \cdot (-k) \cdot (x^2+k^2)}{(x^2-k^2)^4} =$$
$$= \frac{-2kx(x^2-k^2) + 4kx(x^2+k^2)}{(x^2-k^2)^3} = \frac{-2kx^3 + 2k^3x + 4kx^3 + 4k^3x}{(x^2-k^2)^3}$$

$$f_k''(x) = \frac{2kx(x^2+3k^2)}{(x^2-k^2)^3}$$

Notwendige Bedingung

$$f_k''(x) = 0: \quad \frac{2kx(x^2+3k^2)}{(x^2-k^2)^3} = 0 \qquad | \cdot (x^2-k^2)^3 \quad | : 2k \neq 0$$
$$x(x^2+3k^2) = 0$$

Die obige Gleichung hat nur die Lösung $x = 0$, da der Klammerausdruck wegen $k > 0$ (s. Aufgabenstellung) und $x^2 \geqq 0$ positiv ist, also nicht den Wert null annehmen kann.
Somit kann f nur an der Stelle $x = 0$ einen Wendepunkt haben.

Hinreichende Bedingung

$f_k''(x)$ hat bei $x = 0$ einen Vorzeichenwechsel, da der Faktor $2kx$ einen Vorzeichenwechsel hat, die beiden Klammerausdrücke aber nicht.
Damit ist $W(0|0)$ (der einzige) Wendepunkt von f_k.

Wendetangente

Mit $m_{t_k} = f_k'(0) = \frac{-k(0^2+k^2)}{(0^2-k^2)^2} = -\frac{1}{k}$

ergibt sich aus der Punkt-Steigungsform für die Tangente:

$$t_k: \; y = -\frac{1}{k} \cdot (x-0) + 0$$

$$t_k: \; y = -\frac{1}{k}x$$

2. c)

Die Tangente im Punkt $P(u|f(u))$ ist parallel zu t_k, wenn gilt: $f_k'(u) = m_{t_k} = -\frac{1}{k}$

Wir lösen nach u auf:

$$-\frac{k(u^2+k^2)}{(u^2-k^2)^2} = -\frac{1}{k} \qquad | \cdot (-k) \cdot (u^2-k^2)^2$$
$$k^2(u^2+k^2) = (u^2-k^2)^2$$

$$\begin{aligned} k^2u^2 + k^4 &= u^4 - 2k^2u^2 + k^4 \\ -u^4 + 3k^2u^2 &= 0 \\ u^2(-u^2 + 3k^2) &= 0 \end{aligned}$$

Hieraus folgt: $u^2 = 0$ oder $-u^2 + 3k^2 = 0$

$u^2 = 0: \quad u_1 = 0$ (Diese Lösung ist schon bekannt.)

$u^2 - 3k^2 = 0: \quad u^2 = 3k^2 \Rightarrow u_{2,3} = \pm\sqrt{3}\,k$

Für die zwei neuen Lösungen erhalten wir $f_k(\pm\sqrt{3}\,k) = \pm\frac{\sqrt{3}}{2}$ und als Ergebnis:

Die Tangenten in den Punkten $P_1\left(\sqrt{3}\,k \,\middle|\, \frac{\sqrt{3}}{2}\right)$ und $P_2\left(-\sqrt{3}\,k \,\middle|\, -\frac{\sqrt{3}}{2}\right)$ sind parallel zur Wendetangente.

3. Wir berechnen noch die folgenden Werte für f_2:

x	$-3{,}46\ (P_2)$	-3	-1	0	1	3	$3{,}46\ (P_1)$
$f_2(x)$	$-0{,}87$	$-1{,}2$	$0{,}67$	0	$-0{,}67$	$1{,}2$	$0{,}87$

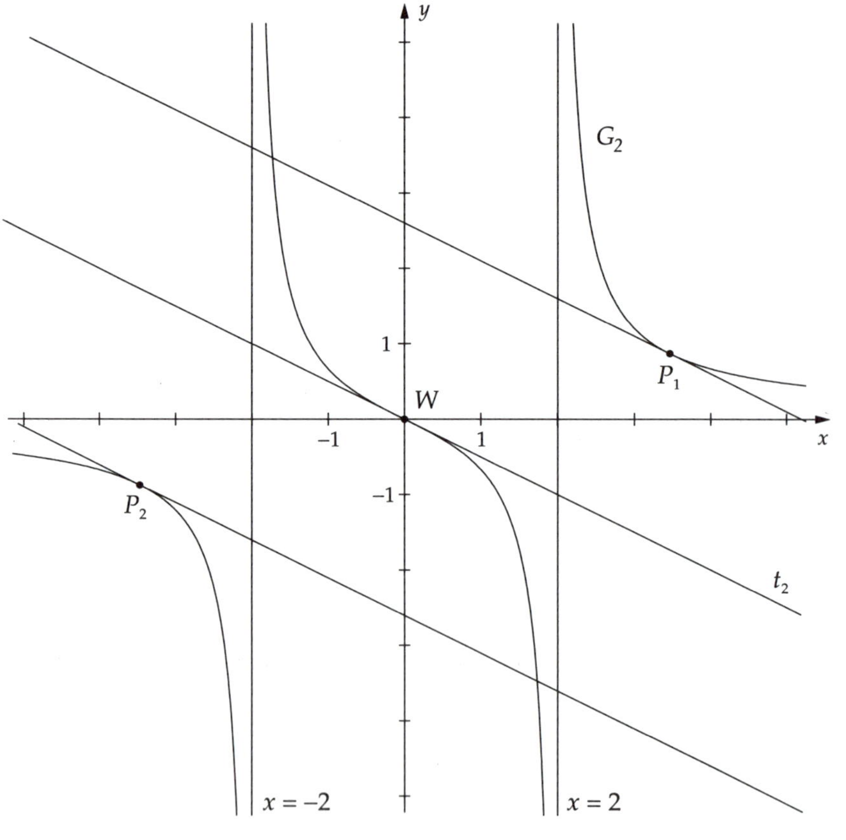

Nach dem Hauptsatz der Differenzial- und Integralrechnung gilt: **4. a)**

$$F(x) = \int_3^x f_2(t)\,dt \quad \Rightarrow \quad F'(x) = f_2(x)$$

Für $x > 2$ gilt: $f_2(x) = \frac{2x}{x^2 - 4} > 0$

$F'(x)$ ist also für $x \in \left]2; \infty\right[$ positiv, da $f_2(x)$ auf dem ganzen Intervall positiv ist. Deshalb ist F in diesem Intervall streng monoton wachsend und somit umkehrbar.

Berechnung von *F* **4. b)**

$$F(x) = \int_3^x \frac{2t}{t^2 - 4}\,dt$$

Um eine integralfreie Darstellung von F zu erhalten, substituieren wir wie folgt:

$$u = t^2 - 4 \quad \Rightarrow \quad \frac{du}{dt} = 2t \quad \text{bzw.} \quad dt = \frac{du}{2t}$$

Damit folgt für $F(x)$:

$$F(x) = \int_{t=3}^{t=x} \frac{2t}{u} \cdot \frac{du}{2t} = \int_{t=3}^{t=x} \frac{1}{u}\,du =$$

$$= \left[\ln|u|\right]_{t=3}^{t=x} = \left[\ln|t^2 - 4|\right]_{t=3}^{t=x} =$$

$$= \ln|x^2 - 4| - \ln 5 = \ln(x^2 - 4) - \ln 5 \quad (x > 2 \text{ laut Aufgabenstellung})$$

$$F(x) = \ln\frac{x^2 - 4}{5}$$

Berechnung von *F*⁻¹

Wir erhalten die Umkehrfunktion von F: $y = \ln\frac{x^2 - 4}{5}$ durch Auflösen der Funktionsgleichung nach x und anschließendem Vertauschen der Variablen:

$$y = \ln\frac{x^2 - 4}{5}$$

$$e^y = \frac{x^2 - 4}{5}$$

$$x = \pm\sqrt{5e^y + 4}$$

Wegen $x > 2$ muss die negative Lösung ignoriert werden und die Vertauschung der Variablen liefert:

$$y = \sqrt{5e^x + 4}$$

$$F^{-1}(x) = \sqrt{5e^x + 4}$$

5. a) Durch *Äquivalenzumformungen* ergibt sich:

$$h(x) < f_2(x) \qquad (1)$$

$$\frac{1}{x-2} < \frac{2x}{x^2-4}$$

$$\frac{1}{x-2} < \frac{2x}{(x-2)(x+2)} \qquad | \cdot (x-2)(x+2) \quad (< 0 \text{ für } x \in [0;2[= D_f)$$

$$x+2 > 2x$$

$$x < 2 \qquad (2)$$

Für $x \in [0;2[$ ist also (1) äquivalent zu (2). Andererseits ist (2) für $x \in [0;2[$ erfüllt, und damit auch die zu zeigende Ungleichung (1).

5.b) Da h nur für $x \in [0;2[$ definiert ist, ergibt sich die Fläche durch Integration in diesem Intervall.

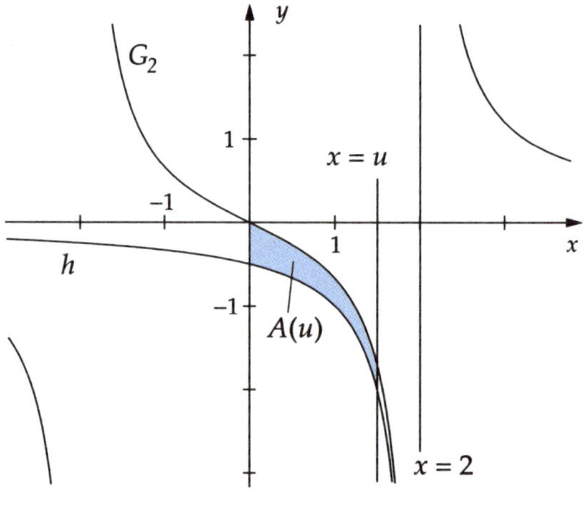

Allerdings können wir als obere Integrationsgrenze nicht einfach $x = 2$ verwenden, da $2 \notin [0;2[$ und weil sowohl f_2 als auch h dort gegen $-\infty$ streben. Wir berechnen deshalb zuerst die Fläche $A(u)$ mit den Integrationsgrenzen 0 und u. ($u \in [0;2[$)

Für die gesuchte Fläche A gilt dann $A = \lim\limits_{u \to 2} A(u)$.

$$A(u) = \int_0^u [f_2(x) - h(x)]\,dx =$$

$$= \int_0^u \left(\frac{2x}{x^2-4} - \frac{1}{x-2}\right) dx = \int_0^u \left(\frac{2x}{x^2-4} - \frac{x+2}{(x-2)(x+2)}\right) dx =$$

$$= \int_0^u \frac{x-2}{x^2-4}\,dx = \int_0^u \frac{1}{x+2}\,dx =$$

$$= \left[\ln|x+2|\right]_0^u$$

$$A(u) = \ln|u+2| - \ln 2 \quad \Rightarrow \quad A = \lim_{u \to 2} A(u) = \ln 4 - \ln 2 = \ln\frac{4}{2}$$

$$A = \ln 2$$

G Analytische Geometrie

1. Ebenen und Geraden; Strecken und Winkel

1.1 Aufgabenstellung

Auf einer Böschung sollen die Geländepunkte *A* und *B* sowie *B* und *C* durch geradlinige Wege verbunden werden. Die Lage dieser Punkte ist in einem kartesischen Koordinatensystem gegeben: $A(-4|2|1)$, $B(-3|7|2)$, $C(-5|9|3)$. Die x_1x_2-Ebene sei die Horizontalebene. Eine Einheit im Koordinatensystem entspricht 10 m.

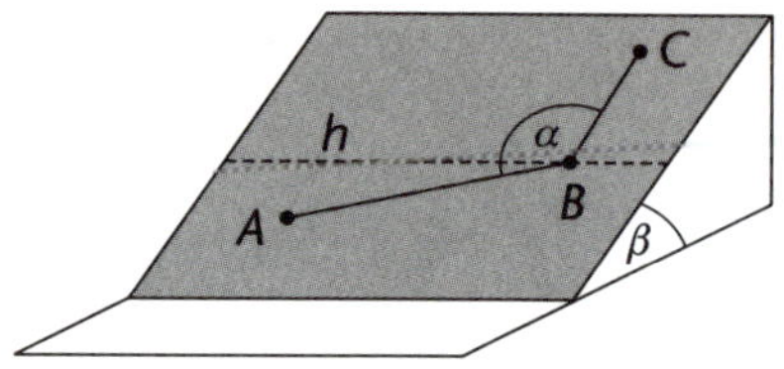

Skizze nicht maßstäblich

Punktabstand, Winkel zwischen Vektoren

a) Berechnen Sie die Gesamtlänge der Wege sowie das Gradmaß des Winkels α zwischen den Wegen.

Ebenengleichung

b) Die Lage der Böschung kann in dem zu betrachtenden Bereich durch eine Ebene *E* charakterisiert werden. Ermitteln Sie eine Gleichung dieser Ebene *E*.

Geradengleichung

c) Weisen Sie nach, dass der Punkt $\overline{B}(0|10|2)$ auf der gleichen Höhenlinie *h* der Böschung liegt wie der Geländepunkt *B*, und geben Sie die Gleichung dieser Höhenlinie an.
(Anmerkung: Eine Höhenlinie besteht aus Geländepunkten mit gleicher Höhe.)

Orthogonalität

Zeigen Sie, dass der Weg zwischen *B* und *C* orthogonal zur Höhenlinie *h* verläuft.

Winkel zwischen Ebenen

Ermitteln Sie die Höhendifferenz zwischen den Punkten *B* und *C* und berechnen Sie das Gradmaß des Neigungswinkels β der Böschung (bez. der Horizontalebene).

Lösungsweg

1.2

Weglänge

a)

Merke

Für den Abstand $\overline{AB}$ zweier Punkte $A(a_1|a_2|a_3)$ und $B(b_1|b_2|b_3)$ gilt:

$$\overline{AB} = \sqrt{(b_1 - a_1)^2 + (b_2 - a_2)^2 + (b_3 - a_3)^2}$$

Strecke $\overline{AB}$ (in LE): $\overline{AB} = \sqrt{(-3-(-4))^2 + (7-2)^2 + (2-1)^2} =$

$= \sqrt{27} = 3\sqrt{3}$

Strecke $\overline{BC}$ (in LE): $\overline{BC} = \sqrt{(-5-(-3))^2 + (9-7)^2 + (3-2)^2} =$

$= 3$

Damit ist die Gesamtstrecke gegeben durch:

$\overline{AB} + \overline{BC} = 3\sqrt{3} + 3 \approx 8{,}20$

Das entspricht unter der Berücksichtigung der Einheitenangabe 1 LE = 10 m einer Strecke von ca. 82 m.

Winkel zwischen den Wegen

Merke

Für den Winkel zwischen zwei Vektoren $\vec{a}$ und $\vec{b}$ gilt:

$$\cos\varphi = \frac{\vec{a} \cdot \vec{b}}{|\vec{a}| \cdot |\vec{b}|}$$

Gesucht ist hier der Winkel α zwischen den Vektoren

$$\overrightarrow{BA} = \begin{pmatrix} -4 \\ 2 \\ 1 \end{pmatrix} - \begin{pmatrix} -3 \\ 7 \\ 2 \end{pmatrix} = \begin{pmatrix} -1 \\ -5 \\ -1 \end{pmatrix} \quad \text{und} \quad \overrightarrow{BC} = \begin{pmatrix} -5 \\ 9 \\ 3 \end{pmatrix} - \begin{pmatrix} -3 \\ 7 \\ 2 \end{pmatrix} = \begin{pmatrix} -2 \\ 2 \\ 1 \end{pmatrix}:$$

$$\cos\alpha = \frac{\begin{pmatrix} -1 \\ -5 \\ -1 \end{pmatrix} \cdot \begin{pmatrix} -2 \\ 2 \\ 1 \end{pmatrix}}{\sqrt{(-1)^2 + (-5)^2 + (-1)^2} \cdot \sqrt{(-2)^2 + 2^2 + 1^2}} =$$

$$= \frac{(-1)\cdot(-2) + (-5)\cdot 2 + (-1)\cdot 1}{\sqrt{27}\cdot\sqrt{9}} =$$

$$= -\frac{1}{\sqrt{3}}$$

$\alpha \approx 125{,}26°$

b) Es ist die Ebene E zu bestimmen, welche die Punkte A, B und C enthält.

Merke

Sind zwei Richtungsvektoren $\vec{r}_1$ und $\vec{r}_2$ sowie ein Aufpunkt A einer Ebene E gegeben, dann können Sie die Koordinatengleichung von E wie folgt ermitteln:

1. Bestimmen Sie einen Normalenvektor $\vec{n}$ von E aus den Orthogonalitätsbedingungen

$$\vec{n} \cdot \vec{r}_1 = 0$$
und $$\vec{n} \cdot \vec{r}_2 = 0\,.$$

2. Stellen Sie die Normalenform der Ebene auf: $E: [\vec{x} - \overrightarrow{OA}] \cdot \vec{n} = 0$

3. Die Koordinatengleichung ergibt sich aus der Normalenform durch Ausmultiplizieren des Skalarprodukts.

1. Normalenvektor von E

Wir wählen zwei Richtungsvektoren von E, z. B. $\overrightarrow{BA} = \begin{pmatrix} -1 \\ -5 \\ -1 \end{pmatrix}$ und $\overrightarrow{BC} = \begin{pmatrix} -2 \\ 2 \\ 1 \end{pmatrix}$.

Für $\vec{n}$ gilt dann:

$$\vec{n} \cdot \overrightarrow{BA} = 0 \quad \Leftrightarrow \quad -n_1 - 5n_2 - n_3 = 0 \qquad (1)$$
$$\vec{n} \cdot \overrightarrow{BC} = 0 \quad \Leftrightarrow \quad -2n_1 + 2n_2 + n_3 = 0 \qquad (2)$$

Da das Gleichungssystem nicht eindeutig lösbar ist, wählen wir beispielsweise $n_1 = k$ und lösen nach n_2 und n_3 auf:

$$-5n_2 - n_3 = k \qquad (3)$$
$$2n_2 + n_3 = 2k \qquad (4)$$
$$(3) + (4): \quad -3n_2 = 3k \quad \Rightarrow \quad n_2 = -k$$

Aus (3) oder (4) erhalten wir dann $n_3 = 4k$.

Damit folgt $\vec{n} = \begin{pmatrix} n_1 \\ n_2 \\ n_3 \end{pmatrix} = \begin{pmatrix} k \\ -k \\ 4k \end{pmatrix} = k \cdot \begin{pmatrix} 1 \\ -1 \\ 4 \end{pmatrix}$.

Da k beliebig ist, wählen wir der Einfachheit halber $k = 1$, also $\vec{n} = \begin{pmatrix} 1 \\ -1 \\ 4 \end{pmatrix}$.

2. Normalenform von E

Wir nehmen $A(-4|2|1)$ als Aufpunkt für die Ebene:

$$E: \left[\vec{x} - \begin{pmatrix} -4 \\ 2 \\ 1 \end{pmatrix}\right] \cdot \begin{pmatrix} 1 \\ -1 \\ 4 \end{pmatrix} = 0$$

3. Koordinatengleichung von E

Das Ausmultiplizieren der Normalenform ergibt:

$$x_1 - x_2 + 4x_3 = (-4) \cdot 1 + 2 \cdot (-1) + 1 \cdot 4$$

$$E: x_1 - x_2 + 4x_3 = -2$$

Höhenlinie h von B und $\overline{B}$ c)

Da die x_1x_2-Ebene die Horizontalebene ist, entspricht die x_3-Koordinate ei-nes Punktes seiner Höhe. Die Punkte B und $\overline{B}$ haben beide die x_3-Koordinate $x_3 = 2$, also dieselbe Höhe. Damit liegen sie auf der gleichen Höhenlinie, wenn $\overline{B}$ auch ein „Geländepunkt" ist, d.h. auf E liegt.
Wir machen deswegen die Punktprobe, setzen also $\overline{B}(0|10|2)$ in die Ebenengleichung ein:

$$\begin{aligned} 0 - 10 + 4 \cdot 2 &= -2 \\ -2 &= -2 \quad \Rightarrow \quad \overline{B} \in E \end{aligned}$$

Mit B als Aufpunkt und $\overrightarrow{B\overline{B}} = \begin{pmatrix} 0 \\ 10 \\ 2 \end{pmatrix} - \begin{pmatrix} -3 \\ 7 \\ 2 \end{pmatrix} = \begin{pmatrix} 3 \\ 3 \\ 0 \end{pmatrix}$ als Richtungsvektor für die Höhenlinie hat h die Gleichung:

$$h: \vec{x} = \begin{pmatrix} -3 \\ 7 \\ 2 \end{pmatrix} + t \cdot \begin{pmatrix} 3 \\ 3 \\ 0 \end{pmatrix}$$

BC und h sind orthogonal

Die Höhenlinie h (also die Gerade $B\overline{B}$) und die Gerade BC sind orthogonal, wenn ihre Richtungsvektoren orthogonal sind, wenn also ihr Skalarprodukt null ist.

Es gilt: $\overrightarrow{B\overline{B}} = \begin{pmatrix} 3 \\ 3 \\ 0 \end{pmatrix}$; $\overrightarrow{BC} = \begin{pmatrix} -2 \\ 2 \\ 1 \end{pmatrix}$

$$\overrightarrow{B\overline{B}} \bullet \overrightarrow{BC} = 3 \cdot (-2) + 3 \cdot 2 + 0 \cdot 1 = 0 \quad \Rightarrow \quad B\overline{B} \perp BC$$

Höhendifferenz zwischen B und C

Wir erhalten die Höhendifferenz Δh als Differenz der x_3-Koordinaten (da die x_1x_2-Ebene der horizontalen Ebene entspricht):

$$\Delta h = 3 - 2 = 1$$

Dies entspricht einer Höhendifferenz von 10 m im Gelände.

Neigungswinkel β

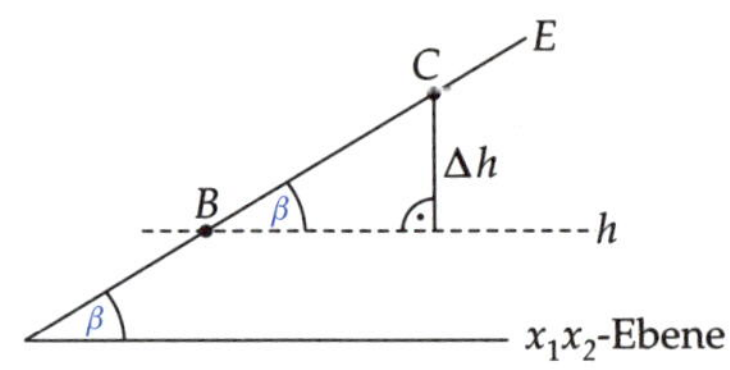

Die Höhenlinie h verläuft parallel zur x_1x_2-Ebene. Da BC zu h senkrecht ist und in E liegt, kann der Neigungswinkel β als Winkel zwischen der Geraden BC und der x_1x_2-Ebene berechnet werden.

Der Skizze entnehmen wir $\sin\beta = \dfrac{\Delta h}{\overline{BC}}$.

Mit $\Delta h = 1$ und $\overline{BC} = 3$ (s. Teil a) erhalten wir also:

$$\sin\beta = \frac{1}{3} \quad \Rightarrow \quad \beta \approx 19{,}47°$$

Windschiefe Geraden und Durchstoßpunkt 2.

Aufgabenstellung 2.1

In einem kartesischen Koordinatensystem sind die Punkte

$$A(4|3|-2),\ B(5|6|-3),\ C(9|12|-5)$$

sowie die Gerade g durch $g: \vec{x} = \begin{pmatrix} 1 \\ 2 \\ 0 \end{pmatrix} + t \cdot \begin{pmatrix} 1 \\ 0 \\ 0 \end{pmatrix},\ t \in \mathbb{R},$
gegeben.

a) Die Gerade g und der Punkt A bestimmen eine Ebene E.
Ermitteln Sie eine Gleichung der Ebene E. — Ebenengleichung

b) Die Punkte B und C liegen auf einer Geraden h.
Zeigen Sie, dass die Geraden g und h windschief zueinander liegen. — Beweis: windschiefe Geraden

Beschreiben Sie die besondere Lage der Geraden g im Koordinatensystem.

Die Gerade h durchstößt die Ebene E (aus Teilaufgabe a)) im Punkt D.
Ermitteln Sie die Koordinaten des Durchstoßpunktes D. — Schnittpunktberechnung

[Ergebnis zur Kontrolle: $D(3|3|-2)$]

c) Auf der Geraden g liegen zwei Punkte P_1 und P_2, für deren Maßzahl des Abstandes zum Punkt D gilt: $\overline{P_1D} = \overline{P_2D} = \sqrt{6}$.
Berechnen Sie die Koordinaten der Punkte P_1 und P_2. — geometrische Orte

2.2 Lösungsweg

a) Wir ermitteln zunächst einen Normalenvektor $\vec{n}$ für E. Mit $\vec{n}$ und dem Aufpunkt A lässt sich dann eine Normalenform bzw. Koordinatengleichung der Ebene bestimmen.

Normalenvektor von E

Wir wählen den Richtungsvektor $\begin{pmatrix}1\\0\\0\end{pmatrix}$ von g und den Verbindungsvektor $\begin{pmatrix}1\\2\\0\end{pmatrix} - \begin{pmatrix}4\\3\\-2\end{pmatrix} = \begin{pmatrix}-3\\-1\\2\end{pmatrix}$ von A zum Aufpunkt von g als Richtungsvektoren der Ebene.

Der Normalenvektor $\vec{n}$ ist zu diesen beiden Richtungsvektoren orthogonal:

$$\vec{n} \bullet \begin{pmatrix}1\\0\\0\end{pmatrix} = 1 \cdot n_1 + 0 \cdot n_2 + 0 \cdot n_3 = 0 \qquad (1)$$

$$n \bullet \begin{pmatrix}-3\\-1\\2\end{pmatrix} = -3 \cdot n_1 - 1 \cdot n_2 + 2 \cdot n_3 = 0 \qquad (2)$$

Aus (1) folgt $n_1 = 0$.
Wir setzen $n_3 = k$ und erhalten damit aus (2): $n_2 = 2n_3 = 2k$

Damit gilt $\vec{n} = \begin{pmatrix}n_1\\n_2\\n_3\end{pmatrix} = \begin{pmatrix}0\\2k\\k\end{pmatrix} = k \cdot \begin{pmatrix}0\\2\\1\end{pmatrix}$. Da k beliebig ist, wählen wir am einfachsten $k = 1$ und erhalten den Normalenvektor $\vec{n} = \begin{pmatrix}0\\2\\1\end{pmatrix}$.

Normalenform und Koordinatengleichung von E

Mit dem Aufpunkt $A(4|3|-2)$ und dem Normalenvektor $\vec{n} = \begin{pmatrix}0\\2\\1\end{pmatrix}$ ist eine Normalenform von E gegeben durch:

$$E: \left[\vec{x} - \begin{pmatrix}4\\3\\-2\end{pmatrix}\right] \bullet \begin{pmatrix}0\\2\\1\end{pmatrix} = 0$$

Hieraus folgt unmittelbar die Koordinatengleichung:

$$0 \cdot x_1 + 2 \cdot x_2 + 1 \cdot x_3 = 4 \cdot 0 + 3 \cdot 2 + (-2) \cdot 1$$

$$E: 2x_2 + x_3 = 4$$

Bestimmung von *h*

b)

Da h durch B und C geht, ist der Vektor $\overrightarrow{BC} = \begin{pmatrix} 9 \\ 12 \\ -5 \end{pmatrix} - \begin{pmatrix} 5 \\ 6 \\ -3 \end{pmatrix} = \begin{pmatrix} 4 \\ 6 \\ -2 \end{pmatrix}$ ein Richtungsvektor und damit auch $\frac{1}{2} \cdot \begin{pmatrix} 4 \\ 6 \\ -2 \end{pmatrix} = \begin{pmatrix} 2 \\ 3 \\ -1 \end{pmatrix}$.

Wählen wir noch $B(5|6|-3)$ als Aufpunkt, dann hat h die Parameterform:

$$h: \vec{x} = \begin{pmatrix} 5 \\ 6 \\ -3 \end{pmatrix} + s \cdot \begin{pmatrix} 2 \\ 3 \\ -1 \end{pmatrix}$$

Lage von *g* zu *h*

Merke

Zwei Geraden heißen windschief zueinander, wenn sie nicht parallel sind (d. h., ihre Richtungsvektoren sind linear unabhängig) und wenn sie sich nicht schneiden.

Wir zeigen, dass g und h keinen Schnittpunkt haben. Dazu werden die Parameterformen von g und h gleichgesetzt und das Gleichungssystem auf Lösbarkeit untersucht:

$$g = h: \quad \begin{pmatrix} 1 \\ 2 \\ 0 \end{pmatrix} + t \begin{pmatrix} 1 \\ 0 \\ 0 \end{pmatrix} = \begin{pmatrix} 5 \\ 6 \\ -3 \end{pmatrix} + s \cdot \begin{pmatrix} 2 \\ 3 \\ -1 \end{pmatrix} \quad \Leftrightarrow \quad \begin{cases} 1 + t = 5 + 2s & (3) \\ 2 = 6 + 3s & (4) \\ 0 = -3 - s & (5) \end{cases}$$

Aus (4) folgt $s = -\frac{4}{3}$, aus (5) folgt $s = -3$. Da ein Widerspruch auftritt, hat das Gleichungssystem keine Lösung. Somit haben g und h keinen Schnittpunkt.

Außerdem sind die Richtungsvektoren $\begin{pmatrix} 1 \\ 0 \\ 0 \end{pmatrix}$ und $\begin{pmatrix} 2 \\ 3 \\ -1 \end{pmatrix}$ linear unabhängig, da keiner der beiden Vektoren ein Vielfaches des anderen ist.

g und h sind also windschief zueinander.

Lage von *g* im Koordinatensystem

Der Richtungsvektor $\begin{pmatrix} 1 \\ 0 \\ 0 \end{pmatrix}$ ist der Einheitsvektor der x_1-Achse; g ist deswegen parallel zu dieser Koordinatenachse.

Durchstoßpunkt von *h* und *E*

Merke

Zur Berechnung des Schnittpunktes einer Geraden *h* mit einer Ebene *E* gehen Sie wie folgt vor:

1. Setzen Sie die Koordinaten x_1, x_2 und x_3 aus der Parameterform der Geraden in die Koordinatengleichung der Ebene ein und lösen Sie die entstehende Gleichung nach dem Parameter auf.
2. Der Schnittpunkt ergibt sich durch Einsetzen des berechneten Parameterwertes in die Parameterform der Geraden.

Aus der Gleichung von *h* erhält man: $x_1 = 5 + 2s$, $x_2 = 6 + 3s$, $x_3 = -3 - s$

Wir setzen die Koordinaten in die Gleichung $E:\ 2x_2 + x_3 = 4$ ein:

$$2(6+3s) + (-3-s) = 4$$
$$5s + 9 = 4 \quad \Rightarrow \quad s = -1$$

Das Einsetzen von $s = -1$ in die Parameterform von *h* liefert dann den Schnitt- bzw. Durchstoßpunkt *D*:

$$\vec{x} = \begin{pmatrix} 5 \\ 6 \\ -3 \end{pmatrix} + (-1) \cdot \begin{pmatrix} 2 \\ 3 \\ -1 \end{pmatrix} = \begin{pmatrix} 3 \\ 3 \\ -2 \end{pmatrix} \quad \Rightarrow \quad D(3|3|-2)$$

c) Für einen Punkt $P(p_1|p_2|p_3)$ auf *g* gilt:

$$\begin{pmatrix} p_1 \\ p_2 \\ p_3 \end{pmatrix} = \begin{pmatrix} 1 \\ 2 \\ 0 \end{pmatrix} + t\begin{pmatrix} 1 \\ 0 \\ 0 \end{pmatrix} \quad \Leftrightarrow \quad \begin{cases} p_1 = 1 + t & (6) \\ p_2 = 2 & (7) \\ p_3 = 0 & (8) \end{cases}$$

Der Abstand eines solchen Punktes *P* zum Punkt $D(3|3|-2)$ ist dann gegeben durch:

$$\overline{PD} = \sqrt{(3-p_1)^2 + (3-p_2)^2 + (-2-p_3)^2} =$$
$$= \sqrt{(3-(1+t))^2 + (3-2)^2 + (-2-0)^2} = \sqrt{(2-t)^2 + 5}$$

Die Forderung $\overline{PD} = \sqrt{6}$ führt somit zu:

$$\sqrt{(2-t)^2 + 5} = \sqrt{6} \qquad |(\ldots)^2$$
$$(2-t)^2 + 5 = 6$$
$$(2-t)^2 = 1$$
$$2 - t = \pm 1 \quad \Rightarrow \quad t_1 = 1\,;\ t_2 = 3$$

Das Quadrieren im ersten Schritt ist *keine Äquivalenzumformung*, es ist also noch eine Probe erforderlich. Diese ergibt, dass $t_1 = 1$ und $t_2 = 3$ tatsächlich Lösungen der Wurzelgleichung sind.

Hiermit und mit (6), (7) und (8) erhalten wir

für P_1: $p_1 = 1 + 1\,;\ p_2 = 2\,;\ p_3 = 0 \quad \Rightarrow \quad P_1(2|2|0)$,

für P_2: $p_1 = 1 + 3\,;\ p_2 = 2\,;\ p_3 = 0 \quad \Rightarrow \quad P_2(4|2|0)$.

Würfel mit Innenleben

3.

Aufgabenstellung

3.1

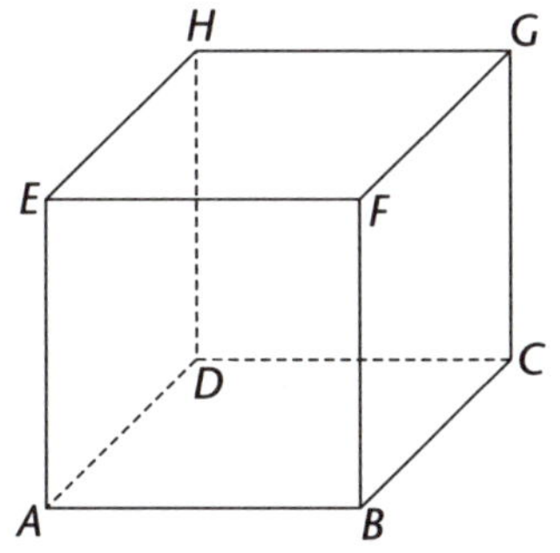

Gegeben sind im kartesischen Koordinatensystem die Punkte $A(2|-1|0)$, $B(6|3|-2)$ und $H(4|1|8)$.
Die Punkte A, B und H sind Eckpunkte des Würfels $ABCDEFGH$.

1. a) Bestimmen Sie eine Gleichung der Ebene T, die durch das Dreieck ABH bestimmt ist, in Normalenform. Welche besondere Lage im Koordinatensystem hat T? [mögliches Ergebnis: $x_1 - x_2 - 3 = 0$]

Normalenform einer Ebene

   b) Das Dreieck ABH wird durch den Punkt G zu dem Rechteck $ABGH$ ergänzt. Berechnen Sie die Koordinaten von G. [Ergebnis: $G(8|5|6)$]

2. Nun sollen die Koordinaten der übrigen Eckpunkte ermittelt werden.
   a) Bestimmen Sie die Länge der Diagonalen $[BG]$ und begründen Sie, dass der Abstand des Punkts C von der Ebene T den Wert $3\sqrt{2}$ hat.

Abstand Punkt/Ebene

   b) Die Gerade g steht senkrecht auf der Ebene T und halbiert die Diagonale $[BG]$. Stellen Sie eine Gleichung von g auf.

Geradengleichung

   c) Berechnen Sie die Koordinaten der Punkte C und F. Verwenden Sie dabei, dass die x_1-Koordinate von C kleiner ist als die von F. [Ergebnis: $C(4|7|2)$, $F(10|1|2)$]

   d) Bestimmen Sie die Koordinaten der Eckpunkte D und E.

3. Die sechs Mittelpunkte der Seitenflächen des Würfels sind Eckpunkte eines regulären Oktaeders.
   a) Begründen Sie anhand einer Skizze, dass die Kantenlänge des Oktaeders halb so lang ist wie die Diagonale einer Würfelseitenfläche.

Streckenverhältnis

   b) Eine der Seitenflächen des Oktaeders liegt in der Ebene mit der Gleichung $x_1 + x_2 + x_3 - 7 = 0$ (Nachweis nicht erforderlich).
   Bestimmen Sie den Abstand d des Oktaedermittelpunkts von einer Seitenfläche des Oktaeders. [zur Kontrolle: $d = \sqrt{3}$]

Abstand Punkt/Ebene

   c) Geben Sie eine Gleichung der Inkugel des Oktaeders an.

Kugelgleichung

   d) Um wie viel Prozent (auf eine Dezimale genau) ist das Volumen der Inkugel des Oktaeders kleiner als das Volumen des Oktaeders?

Volumina

3.2 Lösungsweg

1. a) Ebenengleichung für *T*

Bestimmung des Normalenvektors $\vec{n}$

Wir wählen beispielsweise $\overrightarrow{AB} = \begin{pmatrix} 4 \\ 4 \\ -2 \end{pmatrix}$ und $\overrightarrow{AH} = \begin{pmatrix} 2 \\ 2 \\ 8 \end{pmatrix}$ als Richtungsvektoren für T.

Der Normalenvektor $\vec{n}$ ist zu diesen Richtungsvektoren orthogonal:

$$\vec{n} \cdot \overrightarrow{AB} = 0 \quad \Leftrightarrow \quad 4n_1 + 4n_2 - 2n_3 = 0 \qquad (1)$$

$$\vec{n} \cdot \overrightarrow{AH} = 0 \quad \Leftrightarrow \quad 2n_1 + 2n_2 + 8n_3 = 0 \qquad (2)$$

$(1) - 2 \cdot (2)$ ergibt $-18n_3 = 0$. $\quad \Rightarrow \quad n_3 = 0$

Setzt man $n_3 = 0$ in das Gleichungssystem ein, so erhält man zwei äquivalente Gleichungen. Beide führen zu $n_1 = -n_2$.
Wir wählen im Hinblick auf das angegebene Teilergebnis $n_1 = 1$. Es folgt $n_2 = -1$ und wir erhalten $\vec{n} = \begin{pmatrix} 1 \\ -1 \\ 0 \end{pmatrix}$.

Koordinatengleichung für *T*

Mit $\vec{n} = \begin{pmatrix} 1 \\ -1 \\ 0 \end{pmatrix}$ und dem Aufpunkt $A(2|-1|0)$ können wir eine Normalenform bzw. Koordinatengleichung für T aufstellen:

$$T: \left[\vec{x} - \begin{pmatrix} 2 \\ -1 \\ 0 \end{pmatrix}\right] \cdot \begin{pmatrix} 1 \\ -1 \\ 0 \end{pmatrix} = 0 \quad \Leftrightarrow \quad x_1 - x_2 = 2 \cdot 1 + (-1) \cdot (-1) + 0 \cdot 0$$

$$\Rightarrow \quad T:\ x_1 - x_2 = 3$$

Lage von *T* im Koordinatensystem

Merke

Fehlen in der Koordinatengleichung einer Ebene *E* eine oder mehrere Koordinaten, so ist *E* zu den entsprechenden Koordinatenachsen parallel.

Im vorliegenden Fall ist also T parallel zur x_3-Achse.

Aus der Skizze folgt für den Ortsvektor $\overrightarrow{OG}$ des Punktes G: **1.b)**

$$\overrightarrow{OG} = \overrightarrow{OB} + \overrightarrow{BG} = \overrightarrow{OB} + \overrightarrow{AH} = \begin{pmatrix} 6 \\ 3 \\ -2 \end{pmatrix} + \begin{pmatrix} 2 \\ 2 \\ 8 \end{pmatrix} = \begin{pmatrix} 8 \\ 5 \\ 6 \end{pmatrix}$$

$\Rightarrow \quad G(8|5|6)$

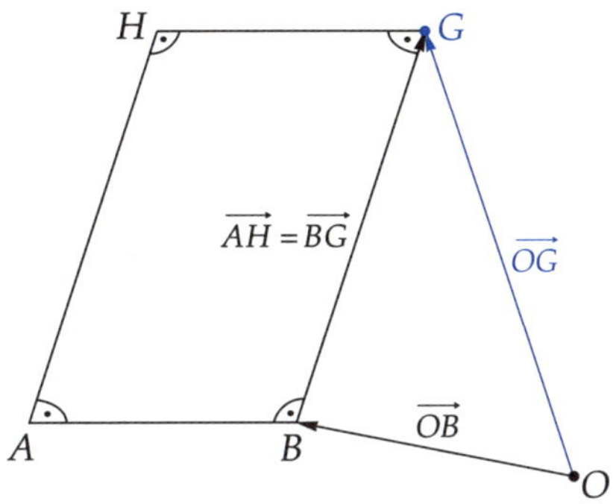

Diagonale [*BG*] **2.a)**

Mit der Formel für den Abstand zweier Punkte (vgl. G1.2a) gilt für die Diagonale $[BG]$:

$$[BG] = \sqrt{(8-6)^2 + (5-3)^2 + (6+2)^2} = \sqrt{72} = 6\sqrt{2}$$

$[BG] \approx 8{,}49$

Abstand von *C* zu *T*

Die Seitenansicht des Würfels zeigt, dass der Abstand von C zur Ebene T gleich der halben Länge der Diagonalen d des Quadrates $BCGF$ ist. Wegen $d = [BG] = 6\sqrt{2}$ gilt deswegen für den Abstand $d_{C;T}$ von C zu T:

$$d_{C;T} = \frac{1}{2} \cdot 6\sqrt{2} = 3\sqrt{2}$$

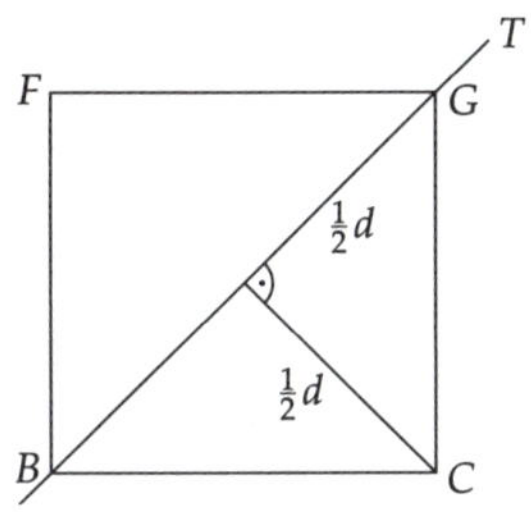

Gleichung von *g* **2.b)**

g geht durch den Mittelpunkt M von B und G. Dieser hat die Koordinaten:

$$M\left(\frac{6+8}{2} \middle| \frac{3+5}{2} \middle| \frac{-2+6}{2}\right) = M(7|4|2)$$

Mit M als Aufpunkt und $\vec{n} = \begin{pmatrix} 1 \\ -1 \\ 0 \end{pmatrix}$ als Richtungsvektor für g (die Gerade steht senkrecht auf T) folgt damit die Gleichung:

$$g: \vec{x} = \begin{pmatrix} 7 \\ 4 \\ 2 \end{pmatrix} + t \cdot \begin{pmatrix} 1 \\ -1 \\ 0 \end{pmatrix}$$

2. c) Koordinaten von C und F

C und F sind Punkte der Geraden g und haben damit jeweils die Koordinaten:

$$x_1 = 7 + t \quad (3)$$
$$x_2 = 4 - t \quad (4)$$
$$x_3 = 2 \quad (5)$$

Beide haben zu $M(7|4|2)$ den Abstand $3\sqrt{2}$. Analog zu G2.2a gilt:

$$\sqrt{(7+t-7)^2 + (4-t-4)^2 + (2-2)^2} = 3\sqrt{2}$$
$$2t^2 = 18 \quad \Rightarrow \quad t_1 = 3\,;\ t_2 = -3$$

Durch Einsetzen von $t_1 = 3$ bzw. $t_2 = -3$ in die Gleichungen (3), (4) und (5) erhalten wir damit die Punkte $C(4|7|2)$ und $F(10|1|2)$.

2. d)

Mit $\overrightarrow{AE} = \overrightarrow{BF} = \begin{pmatrix} 10 \\ 1 \\ 2 \end{pmatrix} - \begin{pmatrix} 6 \\ 3 \\ -2 \end{pmatrix} = \begin{pmatrix} 4 \\ -2 \\ 4 \end{pmatrix}$ und $\overrightarrow{HD} = -\overrightarrow{DH} = -\overrightarrow{BF} = \begin{pmatrix} -4 \\ 2 \\ -4 \end{pmatrix}$

erhalten wir:

$$\overrightarrow{OE} = \overrightarrow{OA} + \overrightarrow{AE} = \begin{pmatrix} 2 \\ -1 \\ 0 \end{pmatrix} + \begin{pmatrix} 4 \\ -2 \\ 4 \end{pmatrix} = \begin{pmatrix} 6 \\ -3 \\ 4 \end{pmatrix} \quad \Rightarrow \quad E(6|-3|4)$$

$$\overrightarrow{OD} = \overrightarrow{OH} + \overrightarrow{HD} = \begin{pmatrix} 4 \\ 1 \\ 8 \end{pmatrix} + \begin{pmatrix} -4 \\ 2 \\ -4 \end{pmatrix} = \begin{pmatrix} 0 \\ 3 \\ 4 \end{pmatrix} \quad \Rightarrow \quad D(0|3|4)$$

3. a)

Aus der Skizze folgt mithilfe des Strahlensatzes für die Kantenlänge k:

$$\frac{k}{\overline{BG}} = \frac{\overline{M_{BC}C}}{\overline{BC}} = \frac{1}{2} \quad \Rightarrow \quad k = \frac{1}{2}\overline{BG}$$

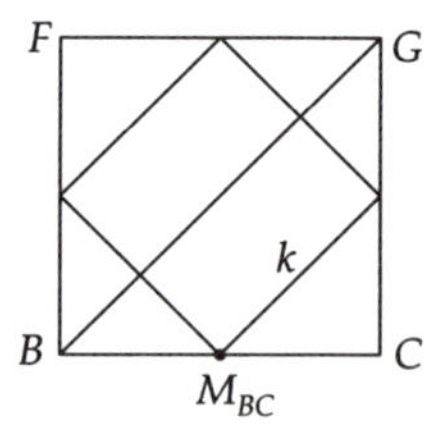

3. b) Oktaedermittelpunkt

Der Oktaedermittelpunkt M_0 ist identisch mit dem Würfelmittelpunkt. Wir erhalten ihn zum Beispiel als Mittelpunkt von A und G:

$$M_0\left(\frac{2+8}{2} \,\middle|\, \frac{-1+5}{2} \,\middle|\, \frac{0+6}{2}\right) = M_0(5|2|3)$$

Abstand von M_0 zu einer Seitenfläche

Die Formel für den Abstand des Punktes $P(p_1|p_2|p_3)$ von der Ebene $E:\ n_1x_1 + n_2x_2 + n_3x_3 + c = 0$ lautet:

$$d_{P;E} = \frac{|n_1p_1 + n_2p_2 + n_3p_3 + c|}{\sqrt{n_1^2 + n_2^2 + n_3^2}}$$

Dies entspricht dem *Betrag* des linken Gleichungsterms der Hesse'schen Normalenform von E:

$$\frac{n_1x_1 + n_2x_2 + n_3x_3 + c}{\sqrt{n_1^2 + n_2^2 + n_3^2}} = 0,$$

wobei für x_1, x_2 und x_3 die Koordinaten von P eingesetzt werden.

Merke

Eine Seitenfläche liegt in der angegebenen Ebene.

Ihre Hesse'sche Normalenform lautet: $E:\ \frac{x_1 + x_2 + x_3 - 7}{\sqrt{1^2 + 1^2 + 1^2}} = 0$

Für den Abstand von M_0 zu dieser Ebene gilt:

$$d_{M_0;E} = \left|\frac{1\cdot 5 + 1\cdot 2 + 1\cdot 3 - 7}{\sqrt{3}}\right| = \frac{3}{\sqrt{3}} \quad \Rightarrow \quad d_{M_0;E} = \sqrt{3}$$

Gleichung der Inkugel

3. c)

Eine Kugel mit dem Mittelpunkt $M(m_1|m_2|m_3)$ und dem Radius r hat die Gleichung:

$$(x_1 - m_1)^2 + (x_2 - m_2)^2 + (x_3 - m_3)^2 = r^2$$

Merke

Da die in 3. b) angegebene Fläche die Inkugel berührt, gilt für den Radius r der Kugel $r = d_{M_0;E} = \sqrt{3}$. Mit $M_0(5|2|3)$ folgt dann daraus die Kugelgleichung:

$$(x_1 - 5)^2 + (x_2 - 2)^2 + (x_3 - 3)^2 = 3$$

3. d)

Wir berechnen das Kugelvolumen V_K und das Oktaedervolumen V_O (s. Formelsammlung):

$$\left.\begin{aligned} V_K &= \frac{4}{3}\pi r^3 = \frac{4}{3}\pi\left(\sqrt{3}\right)^3 = 4\pi\sqrt{3} \approx 21{,}77 \\ V_O &= \frac{k^3}{3}\sqrt{2} = \frac{\left(\frac{1}{2}\overline{BG}\right)^3}{3}\sqrt{2} = \frac{(3\sqrt{2})^3}{3}\sqrt{2} = 36 \end{aligned}\right\} \quad \frac{V_K}{V_O} \approx 0{,}605 = 60{,}5\,\%$$

Das Inkugelvolumen ist um ca. 39,5 % kleiner als das Oktaedervolumen.

4. Symmetrie; Pyramidenvolumen

4.1 Aufgabenstellung

Gegeben sind in einem kartesischen Koordinatensystem die Punkte
$A(-10|5|-10)$, $B(0|0|0)$, $C(6|17|10)$, $D(-8|19|-5)$.

Schnittwinkel von Geraden

1. a) Zeigen Sie, dass sich die Geraden AC und BD im Punkt $M(-4|9{,}5|-2{,}5)$ unter einem rechten Winkel schneiden.

Streckenverhältnis

b) Die Punkte A, B, C und D bilden das Viereck $ABCD$.
In welchem Verhältnis teilt der Punkt M die Diagonalen $[AC]$ und $[BD]$ dieses Vierecks? [Teilergebnis: $\overline{BM}:\overline{MD} = 1:1$]

Symmetrie

c) Welche Symmetrieeigenschaft lässt sich für das Viereck $ABCD$ aus den bisherigen Ergebnissen folgern?

geometrischer Ort

d) Weisen Sie nach, dass es einen Kreis mit Mittelpunkt M gibt, auf dem die Punkte A, B und D liegen.
Wie groß ist demzufolge der Winkel $\sphericalangle BAD$? (Begründung!)

e) Bestimmen Sie den Flächeninhalt des Vierecks $ABCD$.
[zur Kontrolle: $A_{\text{Viereck } ABCD} = 300$]

Durch das Viereck $ABCD$ ist eine Ebene E bestimmt.

Ebene aus Punkten

2. a) Geben Sie eine Gleichung der Ebene E in Normalenform an.
[mögliches Ergebnis: $E:\ 11x_1 + 2x_2 - 10x_3 = 0$]

Lotgerade, Punktprobe

b) Geben Sie eine Gleichung der Geraden g an, die die Ebene E im Punkt A senkrecht schneidet.
Zeigen Sie, dass der Punkt $S(-21|3|0)$ auf der Geraden g liegt.

c) Berechnen Sie den Rauminhalt der Pyramide $ABCDS$.

Netzberechnung

d) Bei der Anfertigung eines Netzes der Pyramide $ABCDS$ wird die Seitenfläche ADS in die Ebene E nach außen geklappt. Dabei fällt S auf den Punkt S'. Bestimmen Sie die Koordinaten von S'.

Lösungsweg

4.2

Gleichungen von *AC* und *BD*

1.a)

Wir wählen für die Gerade *AC* den Aufpunkt $A(-10|5|-10)$.

Wegen $\overrightarrow{AC} = \begin{pmatrix} 6 \\ 17 \\ 10 \end{pmatrix} - \begin{pmatrix} -10 \\ 5 \\ -10 \end{pmatrix} = \begin{pmatrix} 16 \\ 12 \\ 20 \end{pmatrix}$ können wir $\frac{1}{4} \cdot \begin{pmatrix} 16 \\ 12 \\ 20 \end{pmatrix} = \begin{pmatrix} 4 \\ 3 \\ 5 \end{pmatrix}$ als Richtungsvektor verwenden:

$$AC: \vec{x} = \begin{pmatrix} -10 \\ 5 \\ -10 \end{pmatrix} + s \cdot \begin{pmatrix} 4 \\ 3 \\ 5 \end{pmatrix}$$

Für die Gerade *BD* nehmen wir $B(0|0|0)$ als Aufpunkt und $\overrightarrow{BD} = \begin{pmatrix} -8 \\ 19 \\ -5 \end{pmatrix}$ als Richtungsvektor:

$$BD: \vec{x} = t \cdot \begin{pmatrix} -8 \\ 19 \\ -5 \end{pmatrix}$$

Schnittpunkt

Beim Beweis, dass sich zwei Geraden in einem gegebenen Punkt schneiden, müssen Sie diesen nicht berechnen. Zeigen Sie einfach, dass der Punkt auf beiden Geraden liegt (Punktprobe).

Tipp

- $M(-4|9{,}5|-2{,}5)$ liegt auf *AC*: $\begin{pmatrix} -4 \\ 9{,}5 \\ -2{,}5 \end{pmatrix} = \begin{pmatrix} -10 \\ 5 \\ -10 \end{pmatrix} + s \cdot \begin{pmatrix} 4 \\ 3 \\ 5 \end{pmatrix}$

  Aus der ersten Koordinatenzeile $-4 = -10 + 4s$ folgt $s = \frac{3}{2}$.

  Mit diesem Wert für *s* sind auch die anderen zwei Koordinatenzeilen erfüllt. *M* liegt damit auf *AC*.

- $M(-4|9{,}5|-2{,}5)$ liegt auf *BD*: $\begin{pmatrix} -4 \\ 9{,}5 \\ -2{,}5 \end{pmatrix} = t \cdot \begin{pmatrix} -8 \\ 19 \\ -5 \end{pmatrix}$

  Aus allen drei Koordinatenzeilen folgt $t = \frac{1}{2}$. Somit liegt *M* auch auf *BD*.

Schnittwinkel

Merke

Für den Schnittwinkel φ zweier Geraden g und h mit den Richtungsvektoren $\vec{r}_g$ und $\vec{r}_h$ gilt:

$$\cos\varphi = \frac{|\vec{r}_g \cdot \vec{r}_h|}{|\vec{r}_g| \cdot |\vec{r}_h|}$$

Mit den Richtungsvektoren von AC und BD erhalten wir für den Schnittwinkel φ:

$$\cos\varphi = \frac{\left|\begin{pmatrix}4\\3\\5\end{pmatrix} \cdot \begin{pmatrix}-8\\19\\-5\end{pmatrix}\right|}{\left|\begin{pmatrix}4\\3\\5\end{pmatrix}\right| \cdot \left|\begin{pmatrix}-8\\19\\-5\end{pmatrix}\right|} = \frac{4\cdot(-8)+3\cdot 19+5\cdot(-5)}{\sqrt{4^2+3^2+5^2}\cdot\sqrt{(-8)^2+19^2+(-5)^2}} = 0$$

$$\varphi = 90°$$

1.b) Das Teilverhältnis $\frac{\overline{BM}}{\overline{MD}}$ der Diagonalen $\overline{BD}$ ist die Zahl λ, für die gilt: $\overrightarrow{BM} = \lambda \cdot \overrightarrow{MD}$

Mit $\overrightarrow{BM} = \overrightarrow{OM} = \begin{pmatrix}-4\\9{,}5\\-2{,}5\end{pmatrix}$ und $\overrightarrow{MD} = \begin{pmatrix}-8\\19\\-5\end{pmatrix} - \begin{pmatrix}-4\\9{,}5\\-2{,}5\end{pmatrix} = \begin{pmatrix}-4\\9{,}5\\-2{,}5\end{pmatrix}$

folgt dann wegen $\overrightarrow{BM} = \overrightarrow{MD}$ sofort $\lambda = 1$ bzw.:

$$\frac{\overline{BM}}{\overline{MD}} = 1$$

Analog berechnen wir das Teilverhältnis der Diagonalen $\overline{AC}$:

Mit $\overrightarrow{AM} = \begin{pmatrix}-4\\9{,}5\\-2{,}5\end{pmatrix} - \begin{pmatrix}-10\\5\\-10\end{pmatrix} = \begin{pmatrix}6\\4{,}5\\7{,}5\end{pmatrix}$ und $\overrightarrow{MC} = \begin{pmatrix}6\\17\\10\end{pmatrix} - \begin{pmatrix}-4\\9{,}5\\-2{,}5\end{pmatrix} = \begin{pmatrix}10\\4{,}5\\12{,}5\end{pmatrix}$

gilt für das Teilverhältnis λ:

$$\overrightarrow{AM} = \lambda \cdot \overrightarrow{MC}$$

$$\begin{pmatrix}6\\4{,}5\\7{,}5\end{pmatrix} = \lambda \cdot \begin{pmatrix}10\\7{,}5\\12{,}5\end{pmatrix} \quad\Leftrightarrow\quad \begin{cases} 6 = 10\lambda \\ 4{,}5 = 7{,}5\lambda \\ 7{,}5 = 12{,}5\lambda \end{cases}$$

Aus allen drei Gleichungen folgt $\lambda = \frac{3}{5}$, also gilt: $\frac{\overline{AM}}{\overline{MC}} = \frac{3}{5}$

Da die Diagonalen AC und BD senkrecht zueinander sind und BD von AC halbiert wird $\left(\frac{\overline{BM}}{\overline{MD}} = \frac{1}{1}\right)$, liegt ein Drachen mit der Symmetrieachse AC vor. **1.c)**

A, *B* und *D* liegen auf einem Kreis um *M* **1.d)**

Da M auf BD liegt, liegen die Punkte A, B, D und M in einer Ebene.
Zu zeigen ist also noch $\overline{BM} = \overline{DM} = \overline{AM}$, da die Punkte A, B und D vom Kreismittelpunkt M denselben Abstand haben müssen.

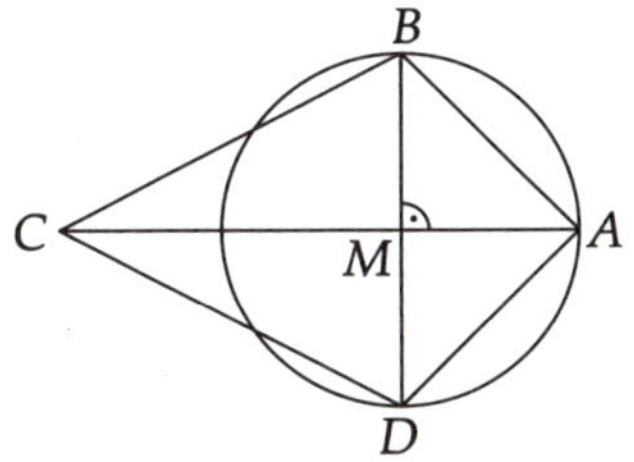

Aus 1.b) wissen wir schon, dass die Strecken $\overline{BM}$ und $\overline{DM}$ gleich lang sind.
Wir müssen also noch zeigen: $\overline{AM} = \overline{BM}$ (oder auch $\overline{AM} = \overline{DM}$)

Es gilt: $\overline{AM} = \sqrt{(-4-(-10))^2 + (9{,}5-5)^2 + (-2{,}5-(-10))^2} = \sqrt{112{,}5}$

$\overline{BM} = \sqrt{(-4)^2 + 9{,}5^2 + (-2{,}5)^2} = \sqrt{112{,}5}$

Damit haben A, B und D denselben Abstand von M und liegen deswegen auf einem Kreis um M mit Radius $r = \sqrt{112{,}5}$.

Winkel *BAD*

A liegt auf dem Thaleskreis über der Strecke $\overline{BD}$. Deshalb gilt $\sphericalangle BAD = 90°$.

Sind e und f die Diagonalen eines Drachens, dann gilt für die Fläche: **1.e)**

$$A_{\text{Dr}} = \frac{1}{2} \cdot e \cdot f$$

Mit $e = |AC| = \sqrt{(6-(-10))^2 + (17-5)^2 + (10-(-10))^2} = \sqrt{800}$ und

$f = |BD| = \sqrt{(-8)^2 + 19^2 + (-5)^2} = \sqrt{450}$

folgt für die gesuchte Fläche: $A_{\text{Viereck } ABCD} = \frac{1}{2} \cdot \sqrt{800} \cdot \sqrt{450}$

$$A_{\text{Viereck } ABCD} = 300$$

Wir bestimmen zunächst einen Normalenvektor $\vec{n}$ der Ebene E und mit diesem dann die Normalenform bzw. Koordinatengleichung. **2.a)**

Der Normalenvektor $\vec{n} = \begin{pmatrix} n_1 \\ n_2 \\ n_3 \end{pmatrix}$ ist orthogonal zu zwei (frei wählbaren) Richtungsvektoren von E, beispielsweise $\overrightarrow{BA} = \begin{pmatrix} -10 \\ 5 \\ -10 \end{pmatrix}$ und $\overrightarrow{BC} = \begin{pmatrix} 6 \\ 17 \\ 10 \end{pmatrix}$:

$$\vec{n} \bullet \overrightarrow{BA} = 0: \quad -10n_1 + 5n_2 - 10n_3 = 0$$

$$-2n_1 + n_2 - 2n_3 = 0 \qquad (1)$$

$$\vec{n} \bullet \overrightarrow{BC} = 0: \quad 6n_1 + 17n_2 + 10n_3 = 0 \qquad (2)$$

Wir setzen $n_3 = k$ und lösen das Gleichungssystem nach n_1 und n_2 auf:

$$3 \cdot (1) + (2): \quad 20n_2 + 4k = 0 \quad \Rightarrow \quad n_2 = -\frac{1}{5}k \qquad (3)$$

$$(3) \text{ in } (1): \quad -2n_1 - \frac{1}{5}k - 2k = 0 \quad \Rightarrow \quad n_1 = -\frac{11}{10}k$$

Damit hat jeder Normalenvektor von E die Form $\vec{n} = \begin{pmatrix} n_1 \\ n_2 \\ n_3 \end{pmatrix} = k \cdot \begin{pmatrix} -\frac{11}{10} \\ -\frac{1}{5} \\ 1 \end{pmatrix}$.

Um Brüche zu vermeiden und um auf das angegebene Teilergebnis zu kommen, wählen wir $k = -10$ und erhalten $\vec{n} = \begin{pmatrix} 11 \\ 2 \\ -10 \end{pmatrix}$.

Mit $B(0|0|0)$ als Aufpunkt für die Ebene ergibt sich somit die Normalenform bzw. Koordinatengleichung:

$$E: \left[\vec{x} - \begin{pmatrix} 0 \\ 0 \\ 0 \end{pmatrix}\right] \bullet \begin{pmatrix} 11 \\ 2 \\ -10 \end{pmatrix} = 0 \quad \Leftrightarrow \quad E: 11x_1 + 2x_2 - 10x_3 = 0$$

2. b) Gleichung der Geraden g

Die gesuchte Gerade hat den Aufpunkt $A(-10|5|-10) \in E$ und den Normalenvektor $\vec{n} = \begin{pmatrix} 11 \\ 2 \\ -10 \end{pmatrix}$ von E als Richtungsvektor, da sie orthogonal zu E sein soll:

$$g: \vec{x} = \begin{pmatrix} -10 \\ 5 \\ -10 \end{pmatrix} + r \cdot \begin{pmatrix} 11 \\ 2 \\ -10 \end{pmatrix}$$

Punktprobe mit S

Wir müssen zeigen, dass es eine reelle Zahl r gibt, für die gilt:

$$\begin{pmatrix} -21 \\ 3 \\ 0 \end{pmatrix} = \begin{pmatrix} -10 \\ 5 \\ -10 \end{pmatrix} + r \cdot \begin{pmatrix} 11 \\ 2 \\ -10 \end{pmatrix} \quad \Leftrightarrow \quad \begin{cases} -21 = -10 + 11r \\ 3 = 5 + 2r \\ 0 = -10 - 10r \end{cases}$$

Aus jeder der drei Gleichungen folgt $r = -1$. Deshalb hat das Gleichungssystem eine Lösung und $S(-21|3|0)$ ist ein Punkt auf der Geraden g.

Wir kennen bereits die Grundfläche $G = A_{\text{Viereck } ABCD} = 300$ der Pyramide, es fehlt aber noch die Höhe h. **2. c)**

Merke

> Die Höhe h einer Pyramide erhalten Sie als Abstand der Pyramidenspitze zu der Ebene, die die Grundfläche enthält.
> Den Abstand berechnen sie üblicherweise mithilfe der Hesse'schen Normalenform der Ebene.

h ergibt sich als Abstand des Punktes $S(-21|3|0)$ zur Ebene E. Bei der Abstandsberechnung können wir in diesem Fall aber auf die Hesse'sche Normalenform verzichten, da nach 2.b) der Punkt S bezüglich der Ebene E senkrecht über A liegt.
Damit ist h gegeben durch die Strecke $\overline{AS}$:

$$h = \overline{AS} = \sqrt{(-21-(-10))^2 + (3-5)^2 + (0-(-10))^2} = 15$$

Die Pyramide hat das Volumen: $V_{\text{Pyr}} = \frac{1}{3} \cdot 300 \cdot 15 \quad \Rightarrow \quad V_{\text{Pyr}} = 1500$

2. d)

In der Skizze erkennt man, dass S' auf der Geraden AB liegt, da S bezüglich der Ebene E senkrecht über A liegt und das Dreieck BAD bei A einen rechten Winkel besitzt.
Mit B als Aufpunkt und $\overrightarrow{AB}$ als Richtungsvektor hat diese Gerade die Gleichung:

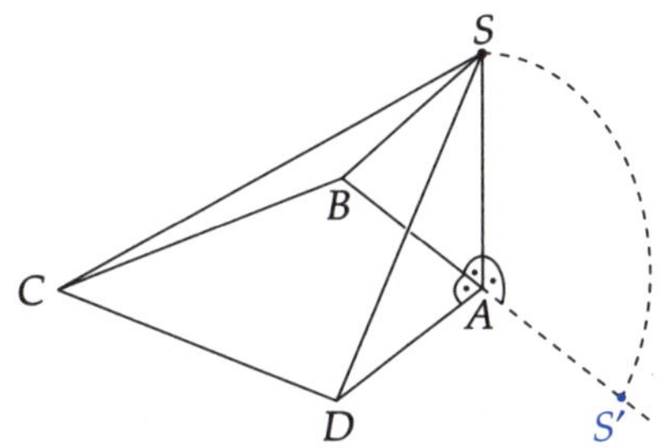

$$AB: \ \vec{x} = t \cdot \begin{pmatrix} 10 \\ -5 \\ 10 \end{pmatrix}$$

S' hat also die Koordinaten $S'(10t|-5t|10t)$.
Da S' von A den Abstand $\overline{AS'} = \overline{AS} = 15$ haben muss, folgt:

$$\begin{aligned} \overline{AS'} &= 15 \\ \sqrt{(10t-(-10))^2 + (-5t-5)^2 + (10t-(-10))^2} &= 15 \\ \sqrt{100(t+1)^2 + 25(t+1)^2 + 100(t+1)^2} &= 15 \\ 15|t+1| &= 15 \\ |t+1| &= 1 \quad \Rightarrow \quad t_1 = 0;\ t_2 = -2 \end{aligned}$$

Für $t_1 = 0$ folgt $S'(0|0|0) = B$.
Da die Seitenfläche ADS nach außen geklappt werden soll, ist also $t_2 = -2$ bzw. $S'(-20|10|-20)$ die gesuchte Lösung.

5. Schnittgeraden, Kugeln, Tangentialebenen

5.1 Aufgabenstellung

Gegeben sind die Punkte $A(1\,|\,2\,|-3)$, $B(-2\,|\,1\,|-7)$, $C(2\,|-2\,|-6)$, $D(4\,|\,7\,|-1)$

und die Gerade $h: \vec{x} = \begin{pmatrix} 2 \\ 8 \\ 3 \end{pmatrix} + t \begin{pmatrix} 5 \\ 8 \\ 11 \end{pmatrix}; \quad t \in \mathbb{R}$.

Die Ebene E_1 enthält die Punkte A, B und C.

a) Stellen Sie eine Koordinatengleichung der Ebene E_1 auf.

Winkel Gerade/Ebene

Geben Sie eine Gleichung der Geraden g an, die durch B und D geht.
Unter welchem Winkel schneidet g die Ebene E_1?
Zeigen Sie, dass die Geraden g und h eine Ebene E_2 aufspannen.

Schnittgerade

Bestimmen Sie eine Gleichung der Schnittgeraden der beiden Ebenen E_1 und E_2.
(Teilergebnis: $E_1: x_1 + x_2 - x_3 = 6$)

b) Eine Kugel K_1 hat ihren Mittelpunkt im Punkt D und geht durch B.

Schnittkreis

Bestimmen Sie den Mittelpunkt und den Radius des Schnittkreises k von K_1 und E_1.

Tangentialebenen

Zwei Tangentialebenen der Kugel K_1 sind zu E_1 parallel.
Berechnen Sie die Koordinaten ihrer Berührpunkte und geben Sie Koordinatengleichungen dieser Tangentialebenen an.
Zwei Kugeln mit dem Radius $3\sqrt{51}$ haben mit E_1 denselben Schnittkreis k wie die Kugel K_1.

Kugelmittelpunkt

Berechnen Sie die Koordinaten der beiden Kugelmittelpunkte.

c) Zeichnen Sie die Spurgeraden der Ebene E_1 in ein Koordinatensystem ein.
Die x_1x_3-Ebene, die x_2x_3-Ebene und die Ebene E_1 enthalten die drei Seitenflächen einer auf der Spitze stehenden Pyramide. Ihre Grundfläche liegt in einer Ebene E_3 mit der Gleichung $x_3 = c \; (c > 0)$. In der Pyramide befindet sich eine Kugel K mit dem Radius $r = 3$, die die drei Seitenflächen und die Grundfläche berührt.

Inkugel einer Pyramide

Bestimmen Sie die Koordinaten des Mittelpunktes M der Kugel K.
Geben Sie die Gleichung der Ebene E_3 an.

Lösungsweg 5.2

Ebenengleichung für E_1 a)

Bestimmung des Normalenvektors $\vec{n}$

Da die Punkte A, B und C in E_1 liegen, sind beispielsweise $\overrightarrow{AB} = \begin{pmatrix} -3 \\ -1 \\ -4 \end{pmatrix}$ und $\overrightarrow{AC} = \begin{pmatrix} 1 \\ -4 \\ -3 \end{pmatrix}$ Richtungsvektoren der Ebene.

Der Normalenvektor $\vec{n}$ steht senkrecht zu diesen Richtungsvektoren:

$$\vec{n} \cdot \overrightarrow{AB} = -3n_1 - n_2 - 4n_3 = 0 \qquad (1)$$
$$\vec{n} \cdot \overrightarrow{AC} = n_1 - 4n_2 - 3n_3 = 0 \qquad (2)$$

Da dieses Gleichungssystem unendlich viele Lösungen besitzt (der Normalenvektor $\vec{n}$ ist nicht eindeutig bestimmbar), setzen wir $n_3 = k$ und lösen dann nach n_1 und n_2 auf:

$$-3n_1 - n_2 = 4k \qquad (3)$$
$$n_1 - 4n_2 = 3k \qquad (4)$$

$(3) + 3 \cdot (4): \; -13n_2 = 13k \quad \Rightarrow \quad n_2 = -k$

Mit $n_2 = -k$ folgt aus $(4): \; n_1 = -k$

Wir wählen (im Hinblick auf das angegebene Teilergebnis) $k = -1$ und erhalten damit $\vec{n} = \begin{pmatrix} n_1 \\ n_2 \\ n_3 \end{pmatrix} = \begin{pmatrix} 1 \\ 1 \\ -1 \end{pmatrix}$.

Bestimmung der Koordinatengleichung von E_1

Mit $\vec{n} = \begin{pmatrix} 1 \\ 1 \\ -1 \end{pmatrix}$ und dem Aufpunkt $A(1|2|-3)$ stellen wir eine Normalenform und damit die gesuchte Koordinatengleichung von E_1 auf:

$$E_1: \left[\vec{x} - \begin{pmatrix} 1 \\ 2 \\ -3 \end{pmatrix}\right] \cdot \begin{pmatrix} 1 \\ 1 \\ -1 \end{pmatrix} = 0 \quad \Leftrightarrow \quad x_1 + x_2 - x_3 = 1 \cdot 1 + 2 \cdot 1 + (-3) \cdot (-1)$$

$$\Rightarrow \quad E_1: \; x_1 + x_2 - x_3 = 6$$

Geradengleichung für g

Für die Parameterform der Geraden wählen wir zum Beispiel $B(-2|1|-7)$ als Aufpunkt und $\frac{1}{6} \cdot \overrightarrow{BD} = \frac{1}{6} \cdot \begin{pmatrix} 6 \\ 6 \\ 6 \end{pmatrix} = \begin{pmatrix} 1 \\ 1 \\ 1 \end{pmatrix}$ als Richtungsvektor:

$$g: \vec{x} = \begin{pmatrix} -2 \\ 1 \\ -7 \end{pmatrix} + s \cdot \begin{pmatrix} 1 \\ 1 \\ 1 \end{pmatrix}$$

Winkel zwischen *g* und E_1

Merke

Der Schnittwinkel φ zwischen einer Geraden g mit dem Richtungsvektor $\vec{r}_g$ und einer Ebene E mit dem Normalenvektor $\vec{n}_E$ wird mit der folgenden Formel berechnet:

$$\sin\varphi = \frac{|\vec{r}_g \cdot \vec{n}_E|}{|\vec{r}_g| \cdot |\vec{n}_E|}$$

Mit $\vec{r}_g = \begin{pmatrix} 1 \\ 1 \\ 1 \end{pmatrix}$ und $\vec{n}_E = \begin{pmatrix} 1 \\ 1 \\ -1 \end{pmatrix}$ folgt:

$$\sin\varphi = \frac{|1 \cdot 1 + 1 \cdot 1 + 1 \cdot (-1)|}{\sqrt{1^2 + 1^2 + 1^2} \cdot \sqrt{1^2 + 1^2 + (-1)^2}} = \frac{1}{3} \quad \Rightarrow \quad \varphi \approx 19{,}47°$$

Beziehung zwischen *g* und *h*

Zwei Geraden spannen eine Ebene auf, wenn sie sich schneiden oder parallel zueinander sind.

Da die Richtungsvektoren $\vec{r}_g = \begin{pmatrix} 1 \\ 1 \\ 1 \end{pmatrix}$ und $\vec{r}_h = \begin{pmatrix} 5 \\ 8 \\ 11 \end{pmatrix}$ keine Vielfachen voneinander sind, sind g und h nicht parallel. Wir müssen daher untersuchen, ob sie sich schneiden. Dazu setzen wir die Parameterformen gleich und zeigen, dass das Gleichungssystem eine eindeutige Lösung besitzt.

! Achten Sie beim Schneiden zweier Geraden immer auf die Verwendung verschiedener Bezeichnungen für die Parameter (hier s und t), vor allem, wenn in der Aufgabenstellung für beide Geraden derselbe Parameter verwendet wurde.

$$h = g$$

$$\begin{pmatrix} 2 \\ 8 \\ 3 \end{pmatrix} + t \cdot \begin{pmatrix} 5 \\ 8 \\ 11 \end{pmatrix} = \begin{pmatrix} -2 \\ 1 \\ -7 \end{pmatrix} + s \cdot \begin{pmatrix} 1 \\ 1 \\ 1 \end{pmatrix} \quad \Leftrightarrow \quad \begin{cases} s - 5t = 4 & (5) \\ s - 8t = 7 & (6) \\ s - 11t = 10 & (7) \end{cases}$$

(5) – (6) ergibt $3t = -3$ bzw. $t = -1$. Damit folgt aus (5) oder (6): $s = -1$

Da mit $s = t = -1$ auch noch (7) erfüllt ist, existiert eine eindeutige Lösung. Die beiden Geraden schneiden sich somit und spannen zusammen eine Ebene E_2 auf.

Schnittgerade von E_1 und E_2

Zunächst erhalten wir eine Parameterform von E_2, indem wir als Aufpunkt den Aufpunkt von g verwenden und die Richtungsvektoren von g und h übernehmen:

$$E_2: \vec{x} = \begin{pmatrix} -2 \\ 1 \\ -7 \end{pmatrix} + s \cdot \begin{pmatrix} 1 \\ 1 \\ 1 \end{pmatrix} + t \cdot \begin{pmatrix} 5 \\ 8 \\ 11 \end{pmatrix}$$

Wir setzen jetzt die Koordinaten
$$x_1 = -2 + s + 5t$$
$$x_2 = 1 + s + 8t$$
$$x_3 = -7 + s + 11t$$

von E_2 in die Koordinatengleichung von E_1 ein: E_1: $x_1 + x_2 - x_3 = 6$

$$-2 + s + 5t + 1 + s + 8t - (-7 + s + 11t) = 6$$
$$s = -2t$$

Die Gleichung der Schnittgeraden σ bekommen wir jetzt durch Einsetzen von $s = -2t$ in die Parameterform von E_2:

$$\sigma: \vec{x} = \begin{pmatrix} -2 \\ 1 \\ -7 \end{pmatrix} - 2t \cdot \begin{pmatrix} 1 \\ 1 \\ 1 \end{pmatrix} + t \cdot \begin{pmatrix} 5 \\ 8 \\ 11 \end{pmatrix} = \begin{pmatrix} -2 \\ 1 \\ -7 \end{pmatrix} + t \cdot \begin{pmatrix} -2 \\ -2 \\ -2 \end{pmatrix} + t \cdot \begin{pmatrix} 5 \\ 8 \\ 11 \end{pmatrix}$$

$$\sigma: \vec{x} = \begin{pmatrix} -2 \\ 1 \\ -7 \end{pmatrix} + t \cdot \begin{pmatrix} 3 \\ 6 \\ 9 \end{pmatrix}$$

Kugelgleichung von K_1 **b)**

Die Gleichung einer Kugel mit Mittelpunkt $M(m_1|m_2|m_3)$ und Radius r hat die Form:

$$(x_1 - m_1)^2 + (x_2 - m_2)^2 + (x_3 - m_3)^2 = r^2$$

Mit $D(4|7|-1)$ und $r = \overline{BD} = \sqrt{(4-(-2))^2 + (7-1)^2 + (-1-(-7))^2} = \sqrt{108}$ folgt dann für K_1:

$$K_1: (x_1 - 4)^2 + (x_2 - 7)^2 + (x_3 + 1)^2 = 108$$

Schnittkreismittelpunkt M_S

Tipp

> Zur Berechnung von Schnittkreismittelpunkt und -radius ist eine Skizze hilfreich. Dabei gehen Sie am besten so vor:
>
> 1. Die geschnittene Ebene steht senkrecht zur Papierebene.
> 2. Tragen Sie die Lotgerade der Ebene durch den Kugelmittelpunkt ein und markieren Sie den Schnittpunkt dieser Lotgeraden mit der Ebene als Schnittkreismittelpunkt.
> 3. Zeichnen Sie den Kugelradius als die Strecke vom Kugelmittelpunkt zu einem der beiden Schnittpunkte von Kugel, Ebene und Papierebene. Markieren Sie die Strecke zwischen diesem Schnittpunkt und dem Schnittkreismittelpunkt als Schnittkreisradius.

Wir bestimmen zunächst die Gleichung der Lotgeraden l, die durch D geht und senkrecht auf E_1 steht. M_S erhalten wir dann als Schnittpunkt von l mit E_1.

Lotgerade l

Die Lotgerade l hat als Aufpunkt den Punkt $D(4|7|-1)$ und als Richtungsvektor den Normalenvektor $\vec{n}$ von E_1, da sie senkrecht auf E steht:

$$l: \vec{x} = \begin{pmatrix} 4 \\ 7 \\ -1 \end{pmatrix} + t \cdot \begin{pmatrix} 1 \\ 1 \\ -1 \end{pmatrix}$$

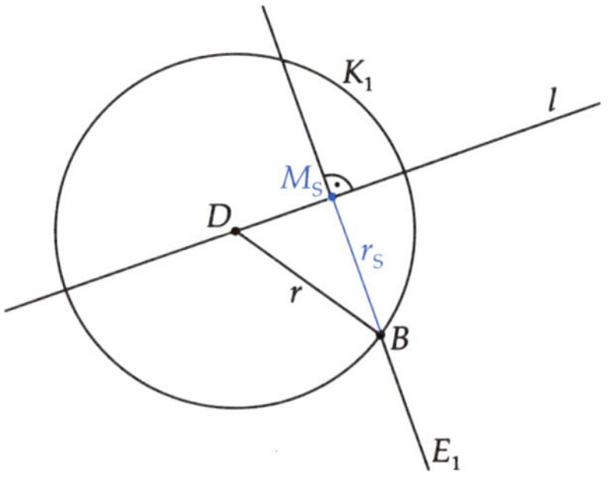

Schnittpunkt von l und E_1

Die Berechnung des Schnittpunktes erfolgt durch Einsetzen der Koordinaten

$$x_1 = 4 + t$$
$$x_2 = 7 + t$$
$$x_3 = -1 - t$$

der Lotgeraden in die Koordinatengleichung von E_1:

$$E_1: \; x_1 + x_2 - x_3 = 6$$

$$4 + t + 7 + t - (-1 - t) = 6 \quad \Rightarrow \quad t = -2$$

Das Ergebnis für t setzen wir in die Gleichung der Lotgeraden l ein und erhalten dadurch:

$$\vec{x} = \begin{pmatrix} 4 \\ 7 \\ -1 \end{pmatrix} - 2 \cdot \begin{pmatrix} 1 \\ 1 \\ -1 \end{pmatrix} = \begin{pmatrix} 2 \\ 5 \\ 1 \end{pmatrix}$$

bzw. den Schnittkreismittelpunkt $M_S(2|5|1)$.

Schnittkreisradius r_S

Wir betrachten das rechtwinklige Dreieck BM_SD mit den Seitenlängen $\overline{BD} = r = \sqrt{108}$ und $\overline{M_SD} = \sqrt{(4-2)^2 + (7-5)^2 + (-1-1)^2} = \sqrt{12}$.
Der Satz des Pythagoras liefert uns den gesuchten Schnittkreisradius:

$$r_S^2 = r^2 - \overline{M_SD}^2 = 108 - 12 = 96$$

$$r_S = \sqrt{96}$$

Berührpunkte der Tangentialebenen

Die Berührpunkte der beiden Tangentialebenen T_1 und T_2 sind die Schnittpunkte der Lotgeraden l mit der Kugel K_1.
Wir berechnen B_1 und B_2 durch Einsetzen von

$$x_1 = 4 + t$$
$$x_2 = 7 + t$$
$$x_3 = -1 - t$$

aus der Lotgeraden l in die Kugelgleichung für K_1:

$$(4 + t - 4)^2 + (7 + t - 7)^2 + (-1 - t + 1)^2 = 108$$
$$3t^2 = 108 \quad \Rightarrow \quad t_{1,2} = \pm 6$$

Durch Einsetzen von t_1 und t_2 in die Gleichung der Lotgeraden ergeben sich dann die Berührpunkte $B_1(10|13|-7)$ und $B_2(-2|1|5)$.

Koordinatengleichungen der Tangentialebenen

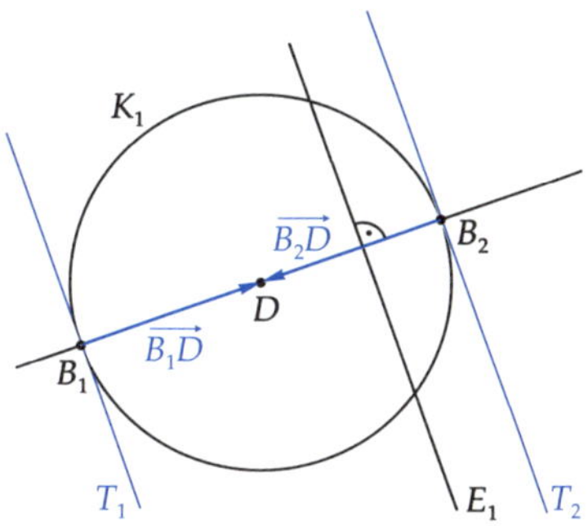

Merke

> Die Tangentialebene T mit Berührpunkt B an eine Kugel K mit dem Mittelpunkt M hat den Aufpunkt B und den Normalenvektor $\overrightarrow{BM}$. Damit ist ihre Normalenform gegeben durch:
>
> $$T: (\vec{x} - \overrightarrow{OB}) \cdot \overrightarrow{BM} = 0$$

Mit den Berührpunkten $B_1(10|13|-7)$ und $B_2(-2|1|5)$ sowie den Normalenvektoren

$$\overrightarrow{B_1D} = \begin{pmatrix} 4 \\ 7 \\ -1 \end{pmatrix} - \begin{pmatrix} 10 \\ 13 \\ -7 \end{pmatrix} = \begin{pmatrix} -6 \\ -6 \\ 6 \end{pmatrix} \quad \text{und}$$

$$\overrightarrow{B_2D} = \begin{pmatrix} 4 \\ 7 \\ -1 \end{pmatrix} - \begin{pmatrix} -2 \\ 1 \\ 5 \end{pmatrix} = \begin{pmatrix} 6 \\ 6 \\ -6 \end{pmatrix}$$

bekommen wir damit die beiden Tangentialebenen:

$$T_1: \left[\vec{x} - \begin{pmatrix} 10 \\ 13 \\ -7 \end{pmatrix}\right] \cdot \begin{pmatrix} -6 \\ -6 \\ 6 \end{pmatrix} = 0 \qquad T_2: \left[\vec{x} - \begin{pmatrix} -2 \\ 1 \\ 5 \end{pmatrix}\right] \cdot \begin{pmatrix} 6 \\ 6 \\ -6 \end{pmatrix} = 0$$

$$-6x_1 - 6x_2 + 6x_3 = -180 \qquad 6x_1 + 6x_2 - 6x_3 = -36$$

$$T_1:\ x_1 + x_2 - x_3 = 30 \qquad T_2:\ x_1 + x_2 - x_3 = -6$$

Kugelmittelpunkte

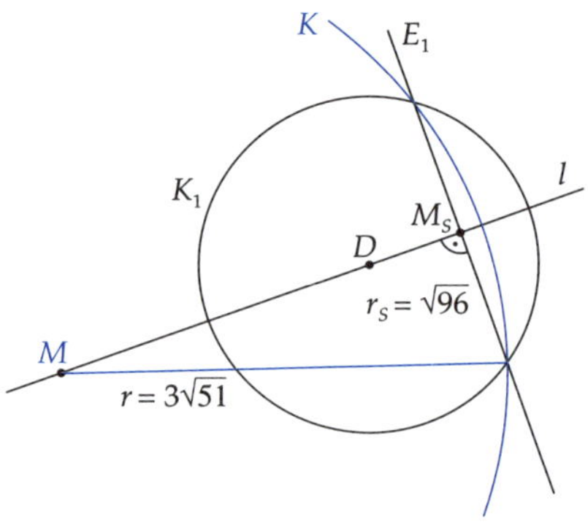

Hat eine Kugel K denselben Schnittkreis mit E_1 wie K_1, dann liegt ihr Mittelpunkt M auf der Lotgeraden l. Aus

$$l:\ \vec{x} = \begin{pmatrix} 4 \\ 7 \\ -1 \end{pmatrix} + t \cdot \begin{pmatrix} 1 \\ 1 \\ -1 \end{pmatrix} \quad \text{folgt für } M$$

die Darstellung $M\,(4 + t\,|\,7 + t\,|\,-1 - t)$.

Wir wenden auch hier wieder den Satz des Pythagoras an (siehe Skizze):

$$\overline{M_SM}^2 + r_S^2 = r^2$$

$$(4 + t - 2)^2 + (7 + t - 5)^2 + (-1 - t - 1)^2 + \sqrt{96}^2 = \left(3 \cdot \sqrt{51}\right)^2$$

$$(2 + t)^2 + (2 + t)^2 + (-(2 + t))^2 + 96 = 459$$

$$3 \cdot (2 + t)^2 = 363$$

$$(2 + t)^2 = 121 \quad \Rightarrow \quad t_1 = 9\,;\ t_2 = -13$$

Durch Einsetzen dieser Lösungen in die Gleichung der Lotgeraden l erhalten wir die beiden Kugelmittelpunkte $M_1(13\,|\,16\,|\,-10)$ und $M_2(-9\,|\,-6\,|\,12)$.

c) Spurgeraden

Tipp

Um die Spurgeraden einer Ebene E (also die Schnittgeraden mit den Koordinatenebenen) zu zeichnen, müssen Sie nicht deren Geradengleichungen bestimmen.
Sie berechnen vielmehr nur die Spurpunkte (Schnittpunkte der Ebene mit den Koordinatenachsen) und zeichnen diese ein. Die Spurgeraden sind dann die Geraden durch jeweils zwei Spurpunkte.

Die Spurpunktberechnung für $E_1: x_1 + x_2 - x_3 = 6$ erfolgt am einfachsten, indem wir in die Koordinatengleichung für jeweils zwei der Koordinaten 0 einsetzen:

$$x_1 + 0 - 0 = 6$$
$$x_1 = 6$$
$$\Rightarrow \quad S_1(6|0|0)$$
$$0 + x_2 - 0 = 6$$
$$x_2 = 6$$
$$\Rightarrow \quad S_2(0|6|0)$$
$$0 + 0 - x_3 = 6$$
$$x_3 = -6$$
$$\Rightarrow \quad S_3(0|0|-6)$$

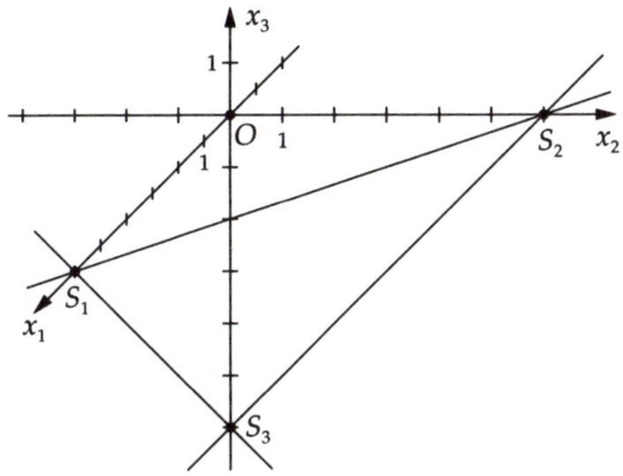

Mittelpunkt *M* der Kugel *K*

Durch die Aufsicht auf die x_1x_2-Ebene wird deutlich, dass M die Koordinaten $x_1 = 3$ und $x_2 = 3$ hat, da M von der x_1x_3-Ebene und von der x_2x_3-Ebene den Abstand $r = 3$ hat. Wir erhalten $M(3|3|x_3)$.

Da der Abstand von $M(3|3|x_3)$ zur gegebenen Ebene $E_1: x_1 + x_2 - x_3 - 6 = 0$ ebenfalls $r = 3$ beträgt (Berührung), folgt mit der Formel für den Abstand zwischen Punkt und Ebene (vgl. G3.23b):

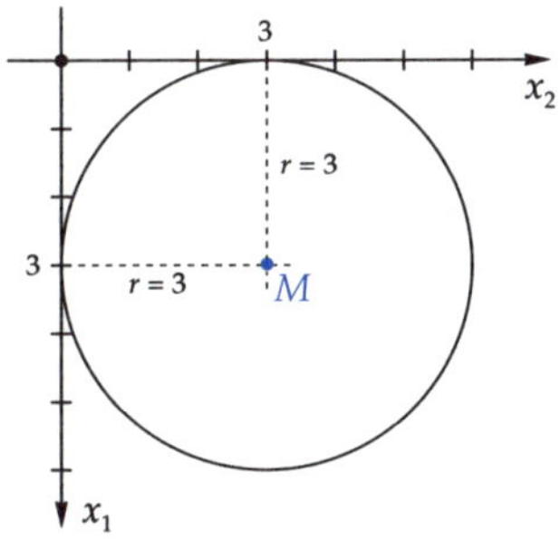

$$d_{M;E_1} = 3 = \frac{|1 \cdot 3 + 1 \cdot 3 - 1 \cdot x_3 - 6|}{\sqrt{1^2 + 1^2 + (-1)^2}}$$

$$3 = \frac{|-x_3|}{\sqrt{3}} \quad \Rightarrow \quad |x_3| = 3\sqrt{3}$$

Die Lösung $x_3 = -3\sqrt{3}$ ist uninteressant, da der Punkt $P(3|3|-3\sqrt{3})$ von der Ebene mit der Gleichung $x_3 = c$ mit $c > 0$ einen Abstand von mindestens $3\sqrt{3}$ hätte. Dieser soll aber nur 3 betragen!
Damit ergibt sich $x_3 = 3\sqrt{3}$ bzw. $M(3|3|3\sqrt{3})$ als Lösung.

Gleichung der Ebene E_3

Da die Ebene $E_3: x_3 = c$ die Kugel berührt, liegt sie genau um den Abstand $r = 3$ über dem Kugelmittelpunkt $M(3|3|3\sqrt{3})$ und hat deshalb die Gleichung:

$$E_3: x_3 = 3\sqrt{3} + 3$$

(Die Ebene $E: x_3 = 3\sqrt{3} - 3$ würde die Kugel von unten berühren und die Kugel befände sich dann nicht innerhalb der Pyramide.)

6. Alles über Kugeln

6.1 Aufgabenstellung

Gegeben sind die Punkte $A(3|1|0)$ und $B(3|7|0)$ sowie

die Gerade $g: \vec{x} = \begin{pmatrix} 4 \\ 1 \\ 3 \end{pmatrix} + r\begin{pmatrix} 1 \\ 2 \\ 3 \end{pmatrix}; \quad r \in \mathbb{R}$.

a) Die Punkte A und B liegen auf der Geraden h.
Bestimmen Sie eine Gleichung der Geraden h.
Zeigen Sie, dass sich g und h schneiden, und bestimmen Sie ihren Schnittwinkel.

Ebene aus zwei Geraden

Bestimmen Sie eine Koordinatengleichung der Ebene E, die die Geraden g und h enthält.
Unter welchem Winkel schneidet E die x_1x_2-Ebene?

b) Eine Kugel K hat den Mittelpunkt $M(2|4|\sqrt{2})$ und den Radius $r = \sqrt{22}$.
Geben Sie eine Gleichung von K an.

Schnittkreis Ebene/Kugel

Die Kugel K schneidet die x_1x_2-Ebene in einem Kreis.
Bestimmen Sie Mittelpunkt und Radius dieses Schnittkreises.

c) Für jedes $t > 0$ ist eine Kugel $K_t: x_1^2 + x_2^2 + (x_3 - 2t)^2 = t^2$ gegeben.
Geben Sie Mittelpunkt und Radius von K_t an.
Die Kugeln K_1 und K_2 schneiden sich in einem Kreis.

Schnittkreis von 2 Kugeln

Bestimmen Sie den Mittelpunkt dieses Schnittkreises.
Für welche Werte von t berühren sich die Kugeln K_t und K_1 von außen?

d) Der Punkt A liegt auf einer Kugel K^* mit dem Mittelpunkt $M(2|4|\sqrt{2})$.
Zeigen Sie, dass auch B auf K^* liegt.

geometrischer Ort

Die Strecke AB ist die Basis gleichschenkliger Dreiecke, deren Spitzen auf K^* liegen.
Beschreiben Sie die Lage dieser Spitzen.

Lösungsweg 6.2

Gerade h durch A und B a)

Wir wählen beispielsweise A als Aufpunkt und ein geeignetes Vielfaches von $\overrightarrow{AB} = \begin{pmatrix} 3 \\ 7 \\ 0 \end{pmatrix} - \begin{pmatrix} 3 \\ 1 \\ 0 \end{pmatrix} = \begin{pmatrix} 0 \\ 6 \\ 0 \end{pmatrix}$ als Richtungsvektor, etwa $\frac{1}{6} \cdot \begin{pmatrix} 0 \\ 6 \\ 0 \end{pmatrix} = \begin{pmatrix} 0 \\ 1 \\ 0 \end{pmatrix}$:

$$h: \vec{x} = \begin{pmatrix} 3 \\ 1 \\ 0 \end{pmatrix} + s \cdot \begin{pmatrix} 0 \\ 1 \\ 0 \end{pmatrix}$$

g und h schneiden sich in einem Punkt

Zur Bestimmung der Schnittmenge von g und h setzen wir die Parameterformen gleich und untersuchen die Lösungsmenge des entstehenden Gleichungssystems:

$$\begin{pmatrix} 4 \\ 1 \\ 3 \end{pmatrix} + r \cdot \begin{pmatrix} 1 \\ 2 \\ 3 \end{pmatrix} = \begin{pmatrix} 3 \\ 1 \\ 0 \end{pmatrix} + s \cdot \begin{pmatrix} 0 \\ 1 \\ 0 \end{pmatrix} \quad \Leftrightarrow \quad \begin{cases} 4 + r = 3 & (1) \\ 1 + 2r = 1 + s & (2) \\ 3 + 3r = 0 & (3) \end{cases}$$

Aus (1) folgt $r = -1$.

Damit erhalten wir aus (2): $s = -2$

Erhalten Sie beim Schneiden zweier Geraden aus zwei der drei Gleichungen eine Lösung für die Parameter r und s, dann setzen Sie diese immer auch noch in die dritte Gleichung ein! Die Geraden haben nur dann einen Schnittpunkt, wenn auch diese Gleichung erfüllt ist. **!**

Mit $r = -1$ ist auch (3) erfüllt.
Das Gleichungssystem hat also eine eindeutige Lösung, und g und h haben daher einen Schnittpunkt. Dieser ergibt sich durch Einsetzen einer Lösung in die zugehörige Geradengleichung:

$$r = -1 \quad \Rightarrow \quad \vec{x} = \begin{pmatrix} 4 \\ 1 \\ 3 \end{pmatrix} - \begin{pmatrix} 1 \\ 2 \\ 3 \end{pmatrix} = \begin{pmatrix} 3 \\ -1 \\ 0 \end{pmatrix}$$

Damit hat der Schnittpunkt die Koordinaten $S(3|-1|0)$.

(Hat das Gleichungssystem keine Lösung, dann sind die Geraden parallel; bei unendlich vielen Lösungen sind sie identisch.)

Schnittwinkel

Mit $\vec{r}_g = \begin{pmatrix} 1 \\ 2 \\ 3 \end{pmatrix}$ und $\vec{r}_h = \begin{pmatrix} 0 \\ 1 \\ 0 \end{pmatrix}$ folgt wegen $\cos\varphi = \frac{|\vec{r}_g \cdot \vec{r}_h|}{|\vec{r}_g| \cdot |\vec{r}_h|}$ für den Schnittwinkel φ:

$$\cos\varphi = \frac{\left|\begin{pmatrix} 1 \\ 2 \\ 3 \end{pmatrix} \cdot \begin{pmatrix} 0 \\ 1 \\ 0 \end{pmatrix}\right|}{\left|\begin{pmatrix} 1 \\ 2 \\ 3 \end{pmatrix}\right| \cdot \left|\begin{pmatrix} 0 \\ 1 \\ 0 \end{pmatrix}\right|} = \frac{|1 \cdot 0 + 2 \cdot 1 + 3 \cdot 0|}{\sqrt{1^2 + 2^2 + 3^2} \cdot \sqrt{0^2 + 1^2 + 0^2}} = \frac{2}{\sqrt{14}}$$

$$\varphi \approx 57{,}69°$$

Gleichung für *E*

Normalenvektor von *E*

Die Richtungsvektoren $\begin{pmatrix} 1 \\ 2 \\ 3 \end{pmatrix}$ von g und $\begin{pmatrix} 0 \\ 1 \\ 0 \end{pmatrix}$ von h sind senkrecht zum Normalenvektor $\vec{n} = \begin{pmatrix} n_1 \\ n_2 \\ n_3 \end{pmatrix}$ von E.

Deshalb gilt: $\vec{n} \cdot \begin{pmatrix} 1 \\ 2 \\ 3 \end{pmatrix} = 0 \quad \Leftrightarrow \quad n_1 + 2n_2 + 3n_3 = 0 \qquad (4)$

$\vec{n} \cdot \begin{pmatrix} 0 \\ 1 \\ 0 \end{pmatrix} = 0 \quad \Leftrightarrow \quad n_2 = 0 \qquad (5)$

Da der Normalenvektor nicht eindeutig bestimmt ist, wählen wir $n_3 = k$. Aus (4) und (5) ergibt sich damit:

$$n_2 = 0$$
$$n_1 = -2n_2 - 3n_3 = -3k$$

Jeder Normalenvektor hat also die Form $\vec{n} = k \cdot \begin{pmatrix} -3 \\ 0 \\ 1 \end{pmatrix}$.

Normalenform von *E*

Wir wählen den Schnittpunkt $S(3|-1|0)$ von g und h als Aufpunkt für E und den Normalenvektor $\vec{n} = \begin{pmatrix} -3 \\ 0 \\ 1 \end{pmatrix}$. Dann gilt für die Normalenform von E:

$$E: \left[\vec{x} - \begin{pmatrix} 3 \\ -1 \\ 0 \end{pmatrix}\right] \cdot \begin{pmatrix} -3 \\ 0 \\ 1 \end{pmatrix} = 0$$

Koordinatengleichung von E

Durch Ausführen des Skalarprodukts in der Normalenform folgt:

$$E:\ -3x_1 + x_3 = 3 \cdot (-3) + (-1) \cdot 0 + 0 \cdot 1$$

$$E:\ -3x_1 + x_3 = -9$$

Winkel zwischen E und der x_1x_2-Ebene

Merke

Für den Winkel φ zwischen zwei Ebenen mit den Normalenvektoren $\vec{n}_1$ und $\vec{n}_2$ gilt:

$$\cos\varphi = \frac{|\vec{n}_1 \cdot \vec{n}_2|}{|\vec{n}_1| \cdot |\vec{n}_2|}$$

Mit den Normalenvektoren $\vec{n}_1 = \begin{pmatrix} -3 \\ 0 \\ 1 \end{pmatrix}$ von E und $\vec{n}_2 = \begin{pmatrix} 0 \\ 0 \\ 1 \end{pmatrix}$ von der x_1x_2-Ebene folgt also:

$$\cos\varphi = \frac{-3 \cdot 0 + 0 \cdot 0 + 1 \cdot 1}{\sqrt{(-3)^2 + 0^2 + 1^2} \cdot \sqrt{0^2 + 0^2 + 1^2}} = \frac{1}{\sqrt{10}}$$

$$\varphi \approx 71{,}57°$$

Kugelgleichung

b)

Mit $M\left(2|4|\sqrt{2}\right)$ und $r = \sqrt{22}$ folgt für die Gleichung der Kugel K:

$$K:\ (x_1 - 2)^2 + (x_2 - 4)^2 + \left(x_3 - \sqrt{2}\right)^2 = 22$$

Schnittkreis

Schnittkreismittelpunkt

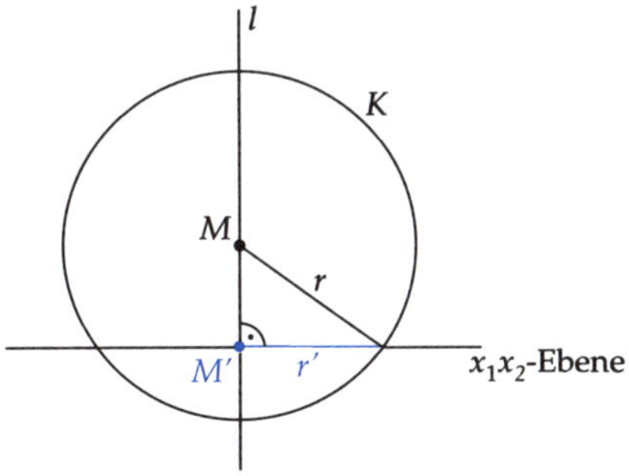

Den Schnittkreismittelpunkt ermitteln wir durch den Schnitt der x_1x_2-Ebene mit der Lotgeraden l durch den Kugelmittelpunkt M. Dabei verwenden wir $M\left(2|4|\sqrt{2}\right)$ als Aufpunkt und den Normalenvektor $\vec{n} = \begin{pmatrix} 0 \\ 0 \\ 1 \end{pmatrix}$ der x_1x_2-Ebene als Richtungsvektor für l:

$$l: \vec{x} = \begin{pmatrix} 2 \\ 4 \\ \sqrt{2} \end{pmatrix} + t \cdot \begin{pmatrix} 0 \\ 0 \\ 1 \end{pmatrix} \quad \Leftrightarrow \quad \begin{cases} x_1 = 2 \\ x_2 = 4 \\ x_3 = \sqrt{2} + t \end{cases}$$

Wir schneiden l mit E durch Einsetzen der obigen Variablen in die Ebenengleichung der x_1x_2-Ebene $x_3 = 0$:

$$\sqrt{2} + t = 0$$
$$t = -\sqrt{2}$$

Wird t in die Gleichung von l eingesetzt, dann erhält man den Schnittpunkt mit der x_1x_2-Ebene bzw. den Schnittkreismittelpunkt M':

$$\vec{x} = \begin{pmatrix} 2 \\ 4 \\ \sqrt{2} \end{pmatrix} + \begin{pmatrix} 0 \\ 0 \\ -\sqrt{2} \end{pmatrix} = \begin{pmatrix} 2 \\ 4 \\ 0 \end{pmatrix} \quad \Rightarrow \quad M'(2|4|0)$$

Schnittkreisradius

In der Skizze erkennt man, dass sich der Schnittkreisradius r' mit dem Satz des Pythagoras berechnen lässt:

$$r' = \sqrt{r^2 - \overline{MM'}^2}$$

Mit $\overline{MM'} = \sqrt{(2-2)^2 + (4-4)^2 + (0-\sqrt{2})^2} = \sqrt{2}$ und $r = \sqrt{22}$ erhalten wir:

$$r' = \sqrt{22 - 2}$$
$$r' = \sqrt{20} \approx 4{,}47$$

Im vorliegenden Fall ließe sich die Schnittkreisberechnung übrigens auch leichter durchführen, indem einfach $x_3 = 0$ in die Kugelgleichung eingesetzt wird. Das Ergebnis ist eine Kreisgleichung $(x_1 - 2)^2 + (x_2 - 4)^2 = 20$ in der x_1x_2-Ebene, woraus sich M' und r' ablesen lassen.
Das oben durchgeführte Verfahren eignet sich jedoch für jede Ebene, nicht nur für Koordinatenebenen (wie hier die x_1x_2-Ebene).

c) Aus der angegebenen Gleichung für K_t können wir den Mittelpunkt $M_t(0|0|2t)$ und den Radius $r_t = t$ unmittelbar ablesen.

Schnittkreismittelpunkt M''

Zur Bestimmung des Schnittkreismittelpunktes M'' ermitteln wir die Gleichung der Schnittkreisebene E_S von K_1 und K_2 und schneiden diese anschließend mit der Geraden durch M_1 und M_2.

Schnittkreisebene von K_1 und K_2

Die Gleichung der Ebene, die den Schnittkreis zweier Kugeln enthält, ergibt sich aus der Subtraktion der Kugelgleichungen.

Merke

K_1 und K_2 haben die Gleichungen

$$K_1: x_1^2 + x_2^2 + (x_3 - 2)^2 = 1 \quad \Leftrightarrow \quad x_1^2 + x_2^2 + x_3^2 - 4x_3 + 3 = 0 \qquad (6)$$
$$K_2: x_1^2 + x_2^2 + (x_3 - 4)^2 = 4 \quad \Leftrightarrow \quad x_1^2 + x_2^2 + x_3^2 - 8x_3 + 12 = 0 \qquad (7)$$

Die Subtraktion (6) – (7) ergibt für die Schnittkreisebene E_S:

$$-4x_3 - (-8x_3) + 3 - 12 = 0$$

$$\Rightarrow \quad E_S: 4x_3 - 9 = 0$$

Mittelpunkt M'' des Schnittkreises

Die Gerade M_1M_2 hat mit dem Aufpunkt $M_1(0|0|2)$ und dem Richtungsvektor $\overrightarrow{M_1M_2} = \begin{pmatrix} 0 \\ 0 \\ 4 \end{pmatrix} - \begin{pmatrix} 0 \\ 0 \\ 2 \end{pmatrix} = \begin{pmatrix} 0 \\ 0 \\ 2 \end{pmatrix}$ die Gleichung:

$$M_1M_2: \vec{x} = \begin{pmatrix} 0 \\ 0 \\ 2 \end{pmatrix} + r \cdot \begin{pmatrix} 0 \\ 0 \\ 2 \end{pmatrix}$$

Daraus folgt $x_1 = 0$, $x_2 = 0$ und $x_3 = 2 + 2r$.
Durch Einsetzen in die Gleichung der Schnittkreisebene $E_S: 4x_3 - 9 = 0$ erhalten wir:

$$4(2 + 2r) - 9 = 0$$
$$r = \frac{1}{8}$$

Den Schnittpunkt von E_S und M_1M_2, also M'', bekommen wir durch Einsetzen von r in die Geradengleichung von M_1M_2:

$$\vec{x} = \begin{pmatrix} 0 \\ 0 \\ 2 \end{pmatrix} + \frac{1}{8} \cdot \begin{pmatrix} 0 \\ 0 \\ 2 \end{pmatrix} = \begin{pmatrix} 0 \\ 0 \\ 2{,}25 \end{pmatrix}$$

$$\Rightarrow \quad M''(0|0|2{,}25)$$

Berührung von K_t und K_1

Die Kugeln berühren sich von außen, wenn gilt: $r_t + r_1 = \overline{M_1M_t}$

Mit $\overline{M_1M_t} = \sqrt{(0-0)^2 + (0-0)^2 + (2t-2)^2} = |2t - 2|$, $r_t = t$ und $r_1 = 1$ folgt also:

$$t + 1 = |2t - 2|$$

Daraus ergeben sich zwei Lösungsmöglichkeiten:

$$2t - 2 = t + 1 \quad \Rightarrow \quad t = 3$$

$$2 - 2t = t + 1 \quad \Rightarrow \quad t = \frac{1}{3}$$

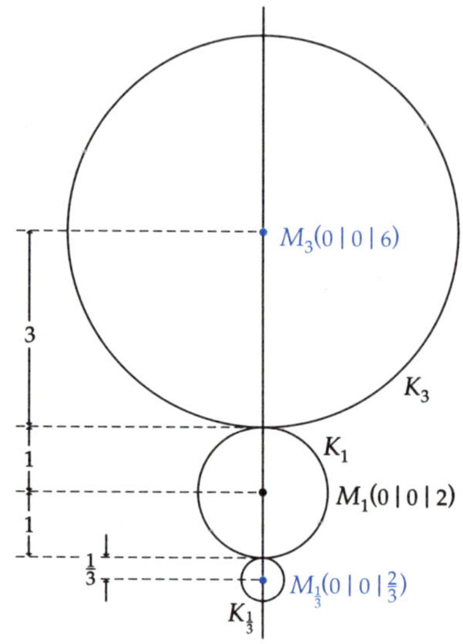

d) *B* liegt auf *K**

Mit $M(2|4|\sqrt{2})$ und $r^* = \overline{MA} = \sqrt{(3-2)^2 + (1-4)^2 + (0-\sqrt{2})^2} = \sqrt{12}$ folgt für die Kugelgleichung:

$$K^* : (x_1 - 2)^2 + (x_2 - 4)^2 + (x_3 - \sqrt{2})^2 = 12$$

Wir machen die Punktprobe durch Einsetzen der Koordinaten von B in die Kugelgleichung:

$$(3-2)^2 + (7-4)^2 + (0-\sqrt{2})^2 = 12$$

$$12 = 12 \quad \Rightarrow \quad B \text{ liegt auf } K^*.$$

Lage der Dreiecksspitzen

Da die Dreiecke gleichschenklig sein sollen, sind die Spitzen von A und von B gleich weit entfernt. Die Spitzen liegen deshalb auf der Ebene H, die senkrecht zu AB ist und den Mittelpunkt $M_{A;B}$ von A und B enthält.

Die Spitzen liegen nach Voraussetzung aber auch auf K^*. Damit befinden sich die Spitzen auf dem Schnittkreis von H mit K^*.

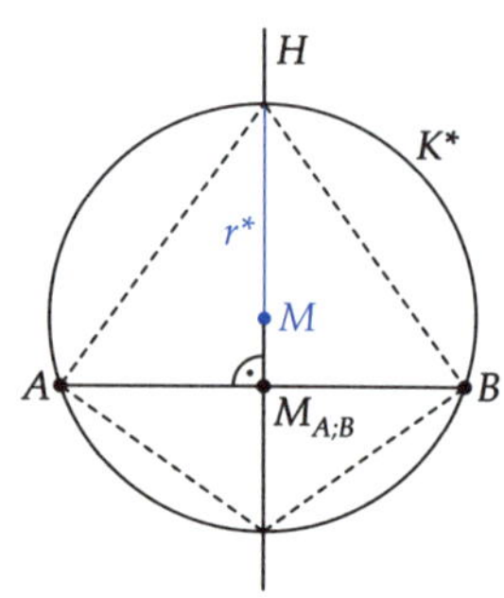

Da H auch durch den Kugelmittelpunkt M geht, hat der Schnittkreis den Radius $r^* = \sqrt{12}$ und den Mittelpunkt $M(2|4|\sqrt{2})$.

Geradenmengen und Ebenenmengen 7.

Aufgabenstellung 7.1

Gegeben sind in einem kartesischen Koordinatensystem

die Menge der Geraden $g_a: \vec{x} = \begin{pmatrix} 1 \\ 1 \\ 1 \end{pmatrix} + t \cdot \begin{pmatrix} 2 \\ 1-a \\ a \end{pmatrix}, \quad a, t \in \mathbb{R}$, und

die Menge der Ebenen $E_b: -x_1 + 2x_2 + bx_3 - 1 - b = 0, \quad b \in \mathbb{R}$.

a) Weisen Sie nach, dass die Geraden g_1 und g_{-1} eine Ebene E bestimmen. Geben Sie eine Koordinatengleichung der Ebene E an. — *Ort aller Schargeraden*

[Mögliches Ergebnis zur Kontrolle: $E: -x_1 + 2x_2 + 2x_3 - 3 = 0$]

Zeigen Sie, dass alle Geraden g_a in der Ebene E liegen.

b) Die Ebene E (aus Aufgabe a)) wird von den Koordinatenachsen jeweils in den Punkt P_1, P_2 bzw. P_3 durchstoßen. Die Punkte P_1, P_2, P_3 und der Koordinatenursprung O bilden die Pyramide $P_1P_2P_3O$. — *Spurpunkte*

Berechnen Sie die Maßzahl des Volumens der Pyramide $P_1P_2P_3O$, den Abstand des Koordinatenursprungs O von der Ebene E und die Maßzahl des Flächeninhaltes des Dreiecks $P_1P_2P_3$. — *Pyramidenberechnung*

Durch die Punkte P_1, P_2, P_3 und O geht eine Kugel K. Ermitteln Sie eine Gleichung der Kugel K. — *Umkugel*

Weisen Sie nach, dass der Mittelpunkt der Kugel K außerhalb der Pyramide $P_1P_2P_3O$ liegt. — *Beweis*

c) Unter den Ebenen E_b gibt es genau zwei Ebenen, die mit der Ebene E_0 einen Winkel von 60° einschließen.
Ermitteln Sie für diesen Fall die Werte des Parameters b. — *Ebenenwinkel*

7.2 Lösungsweg

a) g_1 und g_{-1} legen eine Ebene E fest

Durch die Geraden $g_1: \vec{x} = \begin{pmatrix} 1 \\ 1 \\ 1 \end{pmatrix} + t \cdot \begin{pmatrix} 2 \\ 0 \\ 1 \end{pmatrix}$ und $g_{-1}: \vec{x} = \begin{pmatrix} 1 \\ 1 \\ 1 \end{pmatrix} + t \cdot \begin{pmatrix} 2 \\ 2 \\ -1 \end{pmatrix}$ ist genau dann eine Ebene bestimmt, wenn sie sich in genau einem Punkt schneiden oder wenn sie parallel sind.

g_1 und g_{-1} haben einen gemeinsamen Aufpunkt.

! Wenn zwei Geraden einen gemeinsamen Punkt besitzen, muss das nicht bedeuten, dass dies der einzige Schnittpunkt ist!
Prüfen Sie noch, ob ihre Richtungsvektoren linear abhängig oder unabhängig sind. Dementsprechend sind die Geraden entweder identisch oder sie haben nur einen Schnittpunkt.

Da die beiden Richtungsvektoren linear unabhängig sind (keiner der Richtungsvektoren ist ein Vielfaches des anderen), schneiden sie sich nur im gemeinsamen Aufpunkt und bestimmen damit eindeutig die Ebene E.

Koordinatengleichung von E

Wir ermitteln zunächst einen Normalenvektor. Mit dem Normalenvektor und dem gemeinsamen Aufpunkt der Geraden lässt sich dann eine Normalenform von E und damit die gesuchte Koordinatengleichung bestimmen.

Normalenvektor

Der zu bestimmende Normalenvektor $\vec{n} = \begin{pmatrix} n_1 \\ n_2 \\ n_3 \end{pmatrix}$ steht senkrecht auf den beiden Richtungsvektoren der Geraden, es gilt also:

$$\begin{pmatrix} n_1 \\ n_2 \\ n_3 \end{pmatrix} \cdot \begin{pmatrix} 2 \\ 0 \\ 1 \end{pmatrix} = 0 \quad \Leftrightarrow \quad 2n_1 + n_3 = 0 \qquad (1)$$

$$\begin{pmatrix} n_1 \\ n_2 \\ n_3 \end{pmatrix} \cdot \begin{pmatrix} 2 \\ 2 \\ -1 \end{pmatrix} = 0 \quad \Leftrightarrow \quad 2n_1 + 2n_2 - n_3 = 0 \qquad (2)$$

Wir wählen $n_3 = k$ und erhalten aus (1): $n_1 = -\frac{1}{2} n_3 = -\frac{1}{2} k$

aus (2): $n_2 = \frac{1}{2} n_3 - n_1 = \frac{1}{2} k - \left(-\frac{1}{2} k\right) = k$

Damit ergibt sich $\vec{n} = \begin{pmatrix} n_1 \\ n_2 \\ n_3 \end{pmatrix} = k \cdot \begin{pmatrix} -\frac{1}{2} \\ 1 \\ 1 \end{pmatrix}$. Jeder Normalenvektor von E ist also ein Vielfaches von $\begin{pmatrix} -\frac{1}{2} \\ 1 \\ 1 \end{pmatrix}$. Um auf das angegebene Teilergebnis zu kommen, setzen wir $k = 2$ und erhalten $\vec{n} = \begin{pmatrix} -1 \\ 2 \\ 2 \end{pmatrix}$.

Gleichung von E

Die Ebene hat den denselben Aufpunkt wie die zwei Geraden. Mit dem ermittelten Normalenvektor ergibt sich damit die Normalenform:

$$E: \left[\vec{x} - \begin{pmatrix} 1 \\ 1 \\ 1 \end{pmatrix}\right] \cdot \begin{pmatrix} -1 \\ 2 \\ 2 \end{pmatrix} = 0 \quad \Leftrightarrow \quad -x_1 + 2x_2 + 2x_3 = 1 \cdot (-1) + 1 \cdot 2 + 1 \cdot 2$$

$$E: -x_1 + 2x_2 + 2x_3 = 3 \quad (3)$$

Alle Geraden g_a liegen in E

Es ist zu zeigen, dass die Koordinatengleichung (3) für $\vec{x} = \begin{pmatrix} 1 \\ 1 \\ 1 \end{pmatrix} + t \cdot \begin{pmatrix} 2 \\ 1-a \\ a \end{pmatrix}$ unabhängig von $a, t \in \mathbb{R}$ erfüllt ist.

Dazu setzen wir die Koordinaten
$x_1 = 1 + 2t$
$x_2 = 1 + t(1-a)$
$x_3 = 1 + ta$

in (3) ein:

$$\begin{aligned} -(1+2t) + 2[1 + t(1-a)] + 2(1+ta) - 3 &= 0 \\ -1 - 2t + 2 + 2t - 2ta + 2 + 2ta - 3 &= 0 \\ 3 - 3 &= 0 \end{aligned}$$ Was zu zeigen war.

Berechnung von P_1, P_2 und P_3 **b)**

- Schnittpunkt mit der x_1-Achse
  $(x_2 = x_3 = 0)$

  $-x_1 + 2 \cdot 0 + 2 \cdot 0 = 3$

  $x_1 = -3 \quad \Rightarrow \quad P_1(-3|0|0)$

- Schnittpunkt mit der x_2-Achse
  $(x_1 = x_3 = 0)$

  $0 + 2 \cdot x_2 + 2 \cdot 0 = 3$

  $x_2 = \frac{3}{2} \quad \Rightarrow \quad P_2\left(0\middle|\frac{3}{2}\middle|0\right)$

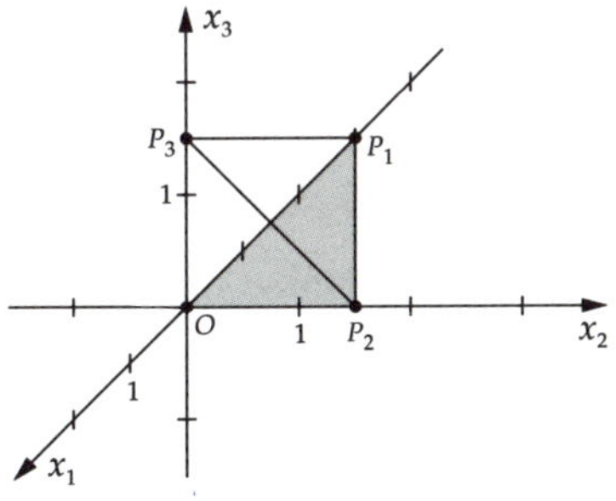

- Schnittpunkt mit der x_3-Achse $(x_1 = x_2 = 0)$

$$0 + 2 \cdot 0 + 2 \cdot x_3 = 3$$
$$x_3 = \frac{3}{2} \quad \Rightarrow \quad P_3\left(0 \middle| 0 \middle| \frac{3}{2}\right)$$

Pyramidenvolumen

Eine Pyramide mit der Grundfläche G und der Höhe h_G hat das Volumen: $V = \frac{1}{3} \cdot G \cdot h_G$

Wir wählen als Grundfläche das Dreieck OP_1P_2, da dessen Fläche einfach zu berechnen ist und h_G dann durch $\overline{OP_3} = \frac{3}{2}$ gegeben ist. Es gilt:

$$G = \frac{1}{2} \cdot \overline{OP_1} \cdot \overline{OP_2} \quad \Rightarrow \quad G = \frac{1}{2} \cdot 3 \cdot \frac{3}{2} = \frac{9}{4}$$

$$V = \frac{1}{3} \cdot G \cdot \overline{OP_3} \quad \Rightarrow \quad V = \frac{1}{3} \cdot \frac{9}{4} \cdot \frac{3}{2} = \frac{9}{8}$$

Abstand von E zum Ursprung

Zur Abstandsberechnung benötigen wir die Hesse'sche Normalenform von E. Diese erhalten wir durch Division der Koordinatengleichung durch $|\vec{n}| = \sqrt{(-1)^2 + 2^2 + 2^2} = 3$:

$$E: \frac{-x_1 + 2x_2 + 2x_3 - 3}{3} = 0$$

Einsetzen von $O(0|0|0)$ in die linke Seite der Gleichung liefert dann den Abstand $d_{E;O}$:

$$d_{E;O} = \left| \frac{0 + 2 \cdot 0 + 2 \cdot 0 - 3}{3} \right|$$
$$d_{E;O} = 1$$

Flächeninhalt des Dreiecks $P_1P_2P_3$

Wir können die bisherigen Ergebnisse geschickt ausnutzen, indem wir nochmals die Volumenformel auf die Pyramide $P_1P_2P_3O$ anwenden. Wählen wir nämlich als Pyramidengrundfläche die gesuchte Fläche A des Dreiecks $P_1P_2P_3$, dann folgt mit $V = \frac{9}{8}$ und $h_G = d_{E;O} = 1$:

$$\frac{9}{8} = \frac{1}{3} \cdot A \cdot 1 \quad \Rightarrow \quad A = \frac{27}{8}$$

Kugel durch P_1, P_2, P_3 und O

Bestimmung des Kugelmittelpunktes M

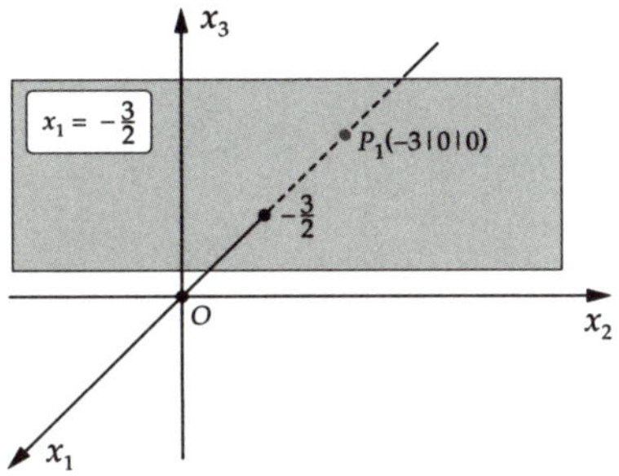

Der gesuchte Mittelpunkt $M(m_1|m_2|m_3)$ liegt auf der parallel zur x_2x_3-Ebene verlaufenden Ebene mit der Koordinatengleichung $x_1 = -\frac{3}{2}$, da er von O und P_1 denselben Abstand haben muss. Deshalb gilt $m_1 = -\frac{3}{2}$.

Analog folgen $m_2 = \frac{3}{4}$ sowie $m_3 = \frac{3}{4}$ und wir erhalten $M\left(-\frac{3}{2}\middle|\frac{3}{4}\middle|\frac{3}{4}\right)$.

Bestimmung des Kugelradius r

Der Radius r ist der Abstand des Kugelmittelpunktes M zu einem Punkt auf der Kugeloberfläche; wir wählen der Einfachheit halber $O(0|0|0)$ und bekommen damit:

$$r = \overline{OM} = \sqrt{\left(-\frac{3}{2}-0\right)^2 + \left(\frac{3}{4}-0\right)^2 + \left(\frac{3}{4}-0\right)^2}$$

$$r = \sqrt{\frac{27}{8}}$$

Kugelgleichung

Mit dem berechneten Kugelmittelpunkt bzw. -radius hat die gesuchte Kugel die Gleichung:

$$K: \left(x_1 + \frac{3}{2}\right)^2 + \left(x_2 - \frac{3}{4}\right)^2 + \left(x_3 - \frac{3}{4}\right)^2 = \frac{27}{8}$$

M liegt außerhalb der Pyramide

Ein Punkt P liegt genau dann außerhalb einer Pyramide, wenn es eine Ebene durch drei Pyramideneckpunkte gibt, bei der P auf einer anderen Seite dieser Ebene liegt als die übrigen Eckpunkte der Pyramide.

Merke

Wegen der Lage der Pyramide und des Kugelmittelpunktes $M\left(-\frac{3}{2}\middle|\frac{3}{4}\middle|\frac{3}{4}\right)$ (s. Skizze auf der nächsten Seite) vermuten wir, dass sich M auf einer anderen Seite der Ebene E durch die Eckpunkte P_1, P_2 und P_3 befindet als der Eckpunkt O.

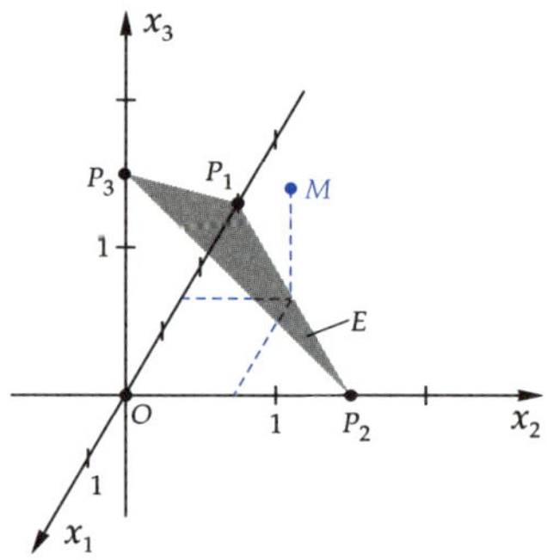

Merke

Gegeben sei die Ebene E mit der Gleichung: $E: \; ax_1 + bx_2 + cx_3 + d = 0$

Zwei Punkte P und Q liegen auf verschiedenen Seiten von E, wenn sich durch Einsetzen der Punktkoordinaten von P und Q in die linke Seite der Gleichung Ergebnisse mit verschiedenen Vorzeichen ergeben.

Wir setzen also die Punkte M und O in die linke Seite der Ebenengleichung $E: \; -x_1 + 2x_2 + 2x_3 - 3 = 0$ ein.

Dabei ergibt sich für M: $-\left(-\frac{3}{2}\right) + 2 \cdot \frac{3}{4} + 2 \cdot \frac{3}{4} - 3 = \frac{3}{2} > 0$,

für O: $-0 + 2 \cdot 0 + 2 \cdot 0 - 3 = -3 < 0$.

M und O befinden sich also auf verschiedenen Seiten von E und damit liegt M außerhalb der Pyramide.

c) Für den Winkel φ zwischen zwei Ebenen mit den Normalenvektoren $\vec{n}_1$ und $\vec{n}_2$ gilt: $\cos\varphi = \frac{|\vec{n}_1 \cdot \vec{n}_2|}{|\vec{n}_1| \cdot |\vec{n}_2|}$

Aus der Koordinatenform der Ebenen E_b lassen sich $\vec{n}_b$ und $\vec{n}_0$ ablesen:

$$\vec{n}_b = \begin{pmatrix} -1 \\ 2 \\ b \end{pmatrix}; \; \vec{n}_0 = \begin{pmatrix} -1 \\ 2 \\ 0 \end{pmatrix}$$

Mit $\alpha = 60°$ bzw. $\cos\alpha = 0{,}5$ folgt demnach:

$$0{,}5 = \frac{|(-1) \cdot (-1) + 2 \cdot 2 + b \cdot 0|}{\sqrt{(-1)^2 + 2^2 + b^2} \cdot \sqrt{(-1)^2 + 2^2 + 0^2}}$$

$$0{,}5 = \frac{5}{\sqrt{5 + b^2} \cdot \sqrt{5}} \qquad | \cdot \sqrt{5 + b^2} \quad | : 0{,}5$$

$$\sqrt{5 + b^2} = \frac{10}{\sqrt{5}}$$

$$5 + b^2 = 20$$

$$b^2 = 15 \quad \Rightarrow \quad b_1 = \sqrt{15}\,; \; b_2 = -\sqrt{15}$$

Jede Menge Abstände und eine Kugelschar 8.

Aufgabenstellung 8.1

In einem kartesischen Koordinatensystem sind die Ebene E_1, die Kugel K und die Gerade g gegeben durch:

$$E_1 : 2x_1 + x_2 - 2x_3 = -1{,}5\ ;$$

$$K: x_1^2 + x_2^2 + x_3^2 + 2x_1 - 4x_2 - 6x_3 = -5\ ;$$

$$g: \vec{x} = \begin{pmatrix} 6 \\ 4 \\ -1 \end{pmatrix} + t \cdot \begin{pmatrix} -5 \\ -1 \\ 2 \end{pmatrix}, \quad t \in \mathbb{R}.$$

a) Ermitteln Sie die Koordinaten des Mittelpunktes und die Maßzahl des Radius der Kugel K.
Die Gerade g durchstößt die Kugel K in den Punkten P und Q.
Berechnen Sie die Maßzahl der Länge der Strecke $\overline{PQ}$.
[Teilergebnis zur Kontrolle: $P(1\,|\,3\,|\,1)$]

Gerade und Kugel

b) Im Punkt P soll an die Kugel K die Tangentialebene E_2 gelegt werden. Stellen Sie eine Koordinatengleichung dieser Ebene auf.

Tangentialebenen

Parallel zur Ebene E_2 existiert eine weitere Tangentialebene E_3 an die Kugel K. Berechnen Sie die Koordinaten des Berührungspunktes R der Ebene E_3 mit der Kugel K und geben Sie eine Gleichung der Ebene E_3 an.

Die Tangentialebene E_2 verläuft zur Ebene E_1 parallel und hat von ihr den Abstand d.
Berechnen Sie die Maßzahl des Abstandes d.

Abstand zwischen Ebenen

Weisen Sie nach, dass die Ebene E_1 die Kugel K schneidet.

c) Gegeben ist die Schar der Kugeln K_a durch die Gleichung

$$K_a: \left[\begin{pmatrix} x_1 \\ x_2 \\ x_3 \end{pmatrix} - \begin{pmatrix} 1-a \\ a \\ 1+a \end{pmatrix}\right]^2 = 9\,, \quad a \in \mathbb{R}.$$

Die Mittelpunkte aller Kugeln der Kugelschar K_a liegen auf einer Geraden h.
Geben Sie eine Gleichung der Geraden h an.

Mittelpunktsgerade

Es existiert eine Kugel der Schar K_a, deren Mittelpunkt M_a von der x_1-Achse einen minimalen Abstand besitzt (s. Skizze).
Berechnen Sie für diesen Fall die Koordinaten des Mittelpunktes.

Abstandsminimierung

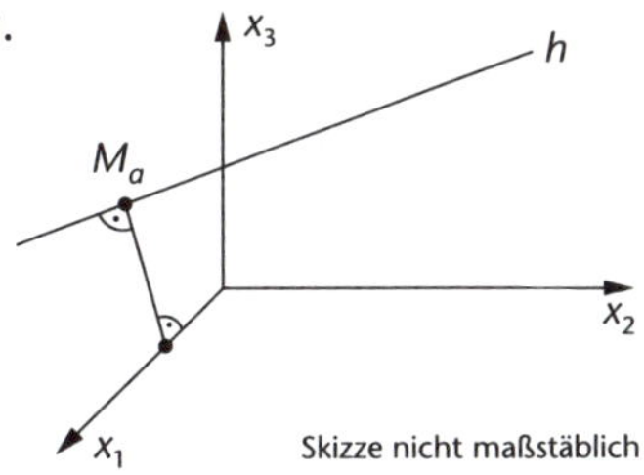

Skizze nicht maßstäblich

8.2 Lösungsweg

a) Mittelpunkt und Radius von K

Merke

> Ist eine Kugelgleichung in gemischtquadratischer Form gegeben, kann diese durch quadratisches Ergänzen in eine reinquadratische Form übergeführt werden.
> Aus der reinquadratischen Form können dann Kugelmittelpunkt und -radius abgelesen werden.

Die quadratische Ergänzung von $K:\ x_1^2 + 2x_1 + x_2^2 - 4x_2 + x_3^2 - 6x_3 = -5$

liefert: $(x_1 + 1)^2 - 1 + (x_2 - 2)^2 - 4 + (x_3 - 3)^2 - 9 = -5$

$$K:\ (x_1 + 1)^2 + (x_2 - 2)^2 + (x_3 - 3)^2 = 9$$

Hieraus folgen Kugelmittelpunkt $M(-1|2|3)$ und -radius $r = 3$.

Länge der Strecke $\overline{PQ}$

Wir berechnen zunächst P und Q durch Einsetzen der Variablen x_1, x_2 und x_3 aus der Gleichung für g in die Kugelgleichung:

$$g:\ \vec{x} = \begin{pmatrix} 6 \\ 4 \\ -1 \end{pmatrix} + t \cdot \begin{pmatrix} -5 \\ -1 \\ 2 \end{pmatrix} \quad \Leftrightarrow \quad \begin{cases} x_1 = 6 - 5t & (1) \\ x_2 = 4 - t & (2) \\ x_3 = -1 + 2t & (3) \end{cases}$$

(1), (2) und (3) eingesetzt in $K:\ (x_1 + 1)^2 + (x_2 - 2)^2 + (x_3 - 3)^2 = 9$ ergibt:

$$\begin{aligned} (6 - 5t + 1)^2 + (4 - t - 2)^2 + (-1 + 2t - 3)^2 &= 9 \\ (7 - 5t)^2 + (2 - t)^2 + (-4 + 2t)^2 &= 9 \\ 49 - 70t + 25t^2 + 4 - 4t + t^2 + 16 - 16t + 4t^2 &= 9 \\ 30t^2 - 90t + 60 &= 0 \qquad |:30 \\ t^2 - 3t + 2 &= 0 \\ t_{1,2} &= \frac{3 \pm \sqrt{9 - 4 \cdot 1 \cdot 2}}{2} \\ t_1 &= 2;\ t_2 = 1 \end{aligned}$$

P und Q erhalten wir jetzt durch Einsetzen von t_1 und t_2 in die Geradengleichung für g:

$$t_1 = 2:\quad \vec{x} = \begin{pmatrix} 6 \\ 4 \\ -1 \end{pmatrix} + 2 \cdot \begin{pmatrix} -5 \\ -1 \\ 2 \end{pmatrix} \quad \Rightarrow \quad Q(-4|2|3)$$

$$t_2 = 1:\quad \vec{x} = \begin{pmatrix} 6 \\ 4 \\ -1 \end{pmatrix} + 1 \cdot \begin{pmatrix} -5 \\ -1 \\ 2 \end{pmatrix} \quad \Rightarrow \quad P(1|3|1)$$

Für die Länge der Strecke $\overline{PQ}$ ergibt sich somit:

$$\overline{PQ} = \sqrt{(-4-1)^2 + (2-3)^2 + (3-1)^2}$$

$$\overline{PQ} = \sqrt{30}$$

Gleichung der Tangentialebene E_2 (vgl. G5.2b)

b)

Mit dem Aufpunkt $P(1|3|1)$ und dem Normalenvektor

$\overrightarrow{MP} = \begin{pmatrix} 1 \\ 3 \\ 1 \end{pmatrix} - \begin{pmatrix} -1 \\ 2 \\ 3 \end{pmatrix} = \begin{pmatrix} 2 \\ 1 \\ -2 \end{pmatrix}$ lässt sich eine Normalenform und damit eine

eine Koordinatengleichung von E_2 bestimmen:

$$E_2: \left[\vec{x} - \begin{pmatrix} 1 \\ 3 \\ 1 \end{pmatrix}\right] \cdot \begin{pmatrix} 2 \\ 1 \\ -2 \end{pmatrix} = 0 \quad \Rightarrow \quad 2x_1 + x_2 - 2x_3 = 1 \cdot 2 + 3 \cdot 1 + 1 \cdot (-2)$$

$$E_2: \; 2x_1 + x_2 - 2x_3 = 3$$

Berührpunkt R

Da R auf der Kugel „gegenüber" von P liegt, ergeben sich die Koordinaten von R durch die Verschiebung $\overrightarrow{OR} = \overrightarrow{OP} + 2 \cdot \overrightarrow{PM} = \overrightarrow{OP} - 2\,\overrightarrow{MP}$:

$$\overrightarrow{OR} = \begin{pmatrix} 1 \\ 3 \\ 1 \end{pmatrix} - 2 \cdot \begin{pmatrix} 2 \\ 1 \\ -2 \end{pmatrix} = \begin{pmatrix} -3 \\ 1 \\ 5 \end{pmatrix} \quad \Rightarrow \quad R(-3|1|5)$$

Gleichung der Tangentialebene E_3

E_3 hat den Aufpunkt $R(-3|1|5)$ und denselben Normalenvektor wie E_2:

$$E_3: \left[\vec{x} - \begin{pmatrix} -3 \\ 1 \\ 5 \end{pmatrix}\right] \cdot \begin{pmatrix} 2 \\ 1 \\ -2 \end{pmatrix} = 0 \quad \Rightarrow \quad 2x_1 + x_2 - 2x_3 = (-3) \cdot 2 + 1 \cdot 1 + 5 \cdot (-2)$$

$$E_3: \; 2x_1 + x_2 - 2x_3 = -15$$

Abstand zwischen E_1 und E_2

Der Abstand d ergibt sich beispielsweise als der Abstand $d_{P;E_1}$ des Punktes $P(1|3|1) \in E_2$ zu E_1. Um diesen zu berechnen, stellen wir die Hesse'sche Normalenform von E_1 auf.

Aus dem Normalenvektor $\vec{n} = \begin{pmatrix} 2 \\ 1 \\ -2 \end{pmatrix}$ von E_1 erhalten wir seine Länge

$|\vec{n}| = 3$ und damitdie Hesse'sche Normalenform: $E_1: \; \dfrac{2x_1 + x_2 - 2x_3 + 1{,}5}{3} = 0$

Hieraus ergibt sich durch Einsetzen der Koordinaten von P:

$$d_{P;E_1} = \left| \frac{2 \cdot 1 + 3 - 2 \cdot 1 + 1{,}5}{3} \right| = 1{,}5$$

Damit folgt für den gesuchten Abstand: $d = d_{P;E_1} = 1{,}5$

E_1 schneidet K

Merke

Um die relative Lage einer Kugel mit Mittelpunkt M und Radius r und einer Ebene E zueinander zu bestimmen, berechnet man den Abstand $d_{M;E}$. Dabei gilt:

$d_{M;E} > r \quad \Rightarrow$ Ebene und Kugel schneiden sich nicht.

$d_{M;E} = r \quad \Rightarrow$ Ebene und Kugel schneiden sich in einem Punkt; sie berühren sich also.

$d_{M;E} < r \quad \Rightarrow$ Ebene und Kugel schneiden sich in einem Schnittkreis.

Für den Abstand $d_{M;E_1}$ vom Kugelmittelpunkt $M(-1\,|\,2\,|\,3)$ zur Ebene E_1 erhalten wir mit der Hesse'schen Normalenform von E_1 (s. oben):

$$d_{M;E_1} = \left| \frac{2 \cdot (-1) + 2 - 2 \cdot 3 + 1{,}5}{3} \right|$$

$d_{M;E_1} = 1{,}5 < r = 3 \quad \Rightarrow \quad E_1$ schneidet die Kugel K (in einem Schnittkreis).

c)

Merke

Die vektorielle Darstellung einer Kugel hat die Form:

$$K:\ [\vec{x} - \vec{m}\,]^2 = r^2$$

Mit $\vec{m} = \begin{pmatrix} m_1 \\ m_2 \\ m_3 \end{pmatrix}$ ist diese äquivalent zur üblichen Koordinatengleichung:

$$K:\ (x_1 - m_1)^2 + (x_2 - m_2)^2 + (x_3 - m_3)^2 = r^2$$

Gleichung der Mittelpunktsgeraden h

Die Mittelpunkte M_a der Schar haben die Koordinaten $M_a(1 - a\,|\,a\,|\,1 + a)$. Es gilt also:

$$\begin{aligned} x_1 &= 1 - a \\ x_2 &= a \\ x_3 &= 1 + a \end{aligned} \quad \text{bzw.} \quad \vec{x} = \begin{pmatrix} x_1 \\ x_2 \\ x_3 \end{pmatrix} = \begin{pmatrix} 1 - a \\ a \\ 1 + a \end{pmatrix} \quad \Rightarrow \quad h:\ \vec{x} = \begin{pmatrix} 1 \\ 0 \\ 1 \end{pmatrix} + a \cdot \begin{pmatrix} -1 \\ 1 \\ 1 \end{pmatrix}$$

Kugel mit minimalem Abstand

Für den gesuchten Mittelpunkt $M_a \in h$ gibt es einen Punkt A auf der x_1-Achse, sodass gilt:

$\overrightarrow{M_aA} \perp h$ und $\overrightarrow{M_aA} \perp x_1$-Achse.

A liegt auf der x_1-Achse und hat somit einen Ortsvektor der Form $\overrightarrow{OA} = \begin{pmatrix} s \\ 0 \\ 0 \end{pmatrix}$.

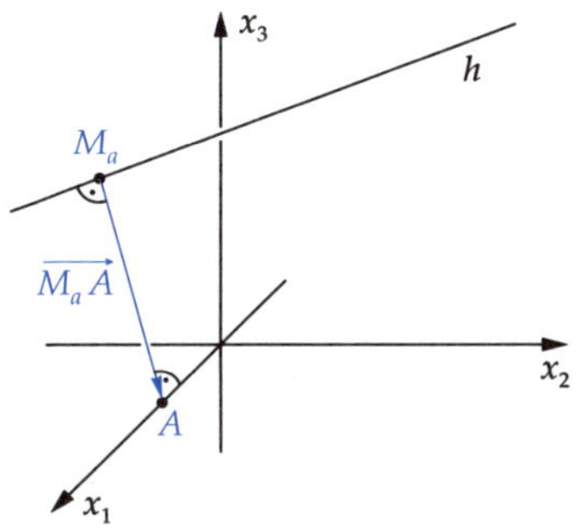

M_a liegt auf h, hat also den Ortsvektor $\overrightarrow{OM_a} = \begin{pmatrix} 1-a \\ a \\ 1+a \end{pmatrix}$.

Damit gilt: $\overrightarrow{M_aA} = \begin{pmatrix} s \\ 0 \\ 0 \end{pmatrix} - \begin{pmatrix} 1-a \\ a \\ 1+a \end{pmatrix} = \begin{pmatrix} s+a-1 \\ -a \\ -a-1 \end{pmatrix}$.

Mit den Richtungsvektoren $\begin{pmatrix} -1 \\ 1 \\ 1 \end{pmatrix}$ von h und $\begin{pmatrix} 1 \\ 0 \\ 0 \end{pmatrix}$ für die x_1-Achse folgt dann:

$$\overrightarrow{M_aA} \perp h: \quad \begin{pmatrix} s+a-1 \\ -a \\ -a-1 \end{pmatrix} \cdot \begin{pmatrix} -1 \\ 1 \\ 1 \end{pmatrix} = 0$$

$$(s+a-1)\cdot(-1) + (-a)\cdot 1 + (-a-1)\cdot 1 = 0$$

$$-s-3a = 0 \qquad (4)$$

$$\overrightarrow{M_aA} \perp x_1\text{-Achse}: \quad \begin{pmatrix} s+a-1 \\ -a \\ -a-1 \end{pmatrix} \cdot \begin{pmatrix} 1 \\ 0 \\ 0 \end{pmatrix} = 0$$

$$(s+a-1)\cdot 1 + (-a)\cdot 0 + (-a-1)\cdot 0 = 0$$

$$s+a = 1 \qquad (5)$$

(4) + (5) ergibt: $-2a = 1$

$$a = -\frac{1}{2}$$

Damit erhalten wir: $\overrightarrow{OM_a} = \begin{pmatrix} 1-a \\ a \\ 1+a \end{pmatrix} = \begin{pmatrix} 1+\frac{1}{2} \\ -\frac{1}{2} \\ 1-\frac{1}{2} \end{pmatrix} \Rightarrow M_a\left(\frac{3}{2} \middle| -\frac{1}{2} \middle| \frac{1}{2}\right)$

9. Villa mit Antenne und Torbogen

9.1 Aufgabenstellung

Ein quaderförmiges Gebäude mit aufgesetztem Dach ist am Boden durch die Punkte $B_1(0|0|0)$, $B_2(10|0|0)$, $B_3(10|12|0)$ und $B_4(0|12|0)$ und am Speicherboden durch die Punkte $S_1(0|0|10)$, $S_2(10|0|10)$, $S_3(10|12|10)$ und $S_4(0|12|10)$ festgelegt. Den Dachabschluss bilden die Punkte $D_1(2|3|12)$, $D_2(6|3|12)$, $D_3(6|9|12)$ und $D_4(2|9|12)$ als horizontal liegendes Rechteck (Angaben in Meter).
Die Strecken S_1D_1, S_2D_2, S_3D_3 und S_4D_4 sind Dachkanten.

Schrägbild

a) Zeichnen Sie ein Schrägbild des Gebäudes samt Dach (Längeneinheit 1 cm $\triangleq$ 2 m, Verkürzungsfaktor in Richtung der x_1-Achse $\frac{1}{2}\sqrt{2}$).

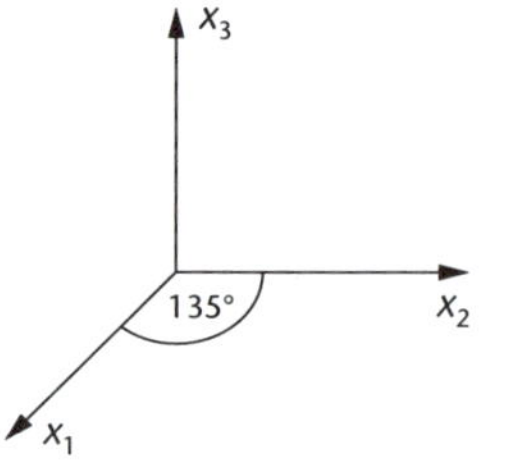

Winkel

Bestimmen Sie den Neigungswinkel der Dachkante S_2D_2 gegen den Speicherboden.
Wie groß ist der Winkel zwischen der Dachfläche $S_2S_3D_3D_2$ und dem Speicherboden?

Vierecksfläche

Berechnen Sie den Inhalt der Dachfläche $S_2S_3D_3D_2$.

b) Im Punkt $A(9|5|10)$ wird ein 6 m langer Antennenmast senkrecht auf dem Speicherboden montiert.

Dreiecksgeometrie

Wie weit ragt dieser Mast aus dem Dach ins Freie?
Vom Mittelpunkt des Mastes aus ist eine Stütze senkrecht zur Dachfläche $S_2S_3D_3D_2$ angebracht.
Wie lang ist diese Stütze, wenn sie auf dieser Dachfläche endet?

c) In der Vorderfront $B_2B_3S_3S_2$ des Hauses befindet sich ein Torbogen. Dieser entsteht durch einen Schnitt dieser Vorderfront mit einer Kugel K, deren Mittelpunkt senkrecht unter dem Diagonalenschnittpunkt des Bodens $B_1B_2B_3B_4$ liegt. Auf diesem Torbogen liegen die Punkte $P_1(10|3|0)$ und $P_2(10|4|2)$.

Kugelmittelpunkt und -radius

Bestimmen Sie den Mittelpunkt der Kugel K.

Längenbestimmung

Berechnen Sie den Radius von K. (Runden Sie auf 2 Dezimalen.)
Wie hoch ist der Torbogen?

Lösungsweg

9.2
a)

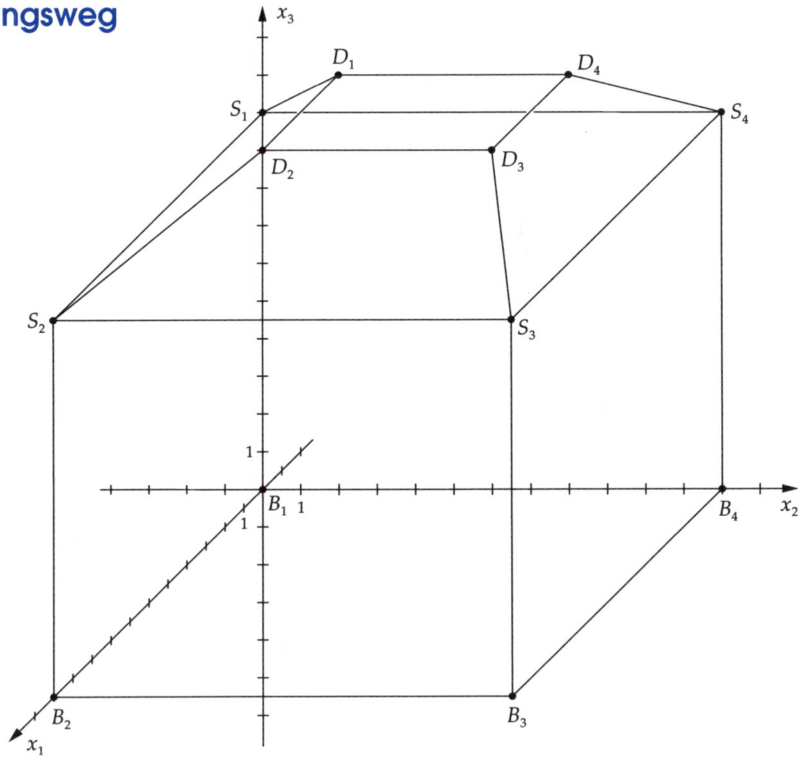

Neigungswinkel zwischen Dachkante und Speicherboden

Wir bestimmen den Neigungswinkel φ zwischen der Ebene, die S_1, S_2, S_3 und S_4 enthält, und der Geraden S_2D_2 mit dem Richtungsvektor

$\overrightarrow{S_2D_2} = \begin{pmatrix} 6 \\ 3 \\ 12 \end{pmatrix} - \begin{pmatrix} 10 \\ 0 \\ 10 \end{pmatrix} = \begin{pmatrix} -4 \\ 3 \\ 2 \end{pmatrix}$. Diese Ebene hat den Normalenvektor $\vec{n} = \begin{pmatrix} 0 \\ 0 \\ 1 \end{pmatrix}$,

da S_1, S_2, S_3 und S_4 jeweils die Höhe $x_3 = 10$ haben und die Ebene somit parallel zur x_1x_2-Ebene ist.

Mit der Formel für den Winkel φ zwischen einer Geraden und einer Ebene (vgl. G5.2a) erhalten wir für den Richtungsvektor $\overrightarrow{S_2D_2}$ und den Normalenvektor $\vec{n}$:

$$\sin\varphi = \frac{\left|\begin{pmatrix} -4 \\ 3 \\ 2 \end{pmatrix} \cdot \begin{pmatrix} 0 \\ 0 \\ 1 \end{pmatrix}\right|}{\sqrt{(-4)^2 + 3^2 + 2^2} \cdot \sqrt{0^2 + 0^2 + 1^2}} = \frac{2}{\sqrt{29}} \quad \Rightarrow \quad \varphi \approx 21{,}80°$$

Winkel zwischen Dachfläche und Speicherboden

Für den Winkel φ zweier Flächen mit den Normalenvektoren $\vec{n}_1$ und $\vec{n}_2$ gilt:

$$\cos\varphi = \frac{|\vec{n}_1 \cdot \vec{n}_2|}{|\vec{n}_1| \cdot |\vec{n}_2|}$$

Die Ebene, die den Speicherboden enthält, hat den Normalenvektor $\vec{n} = \begin{pmatrix} 0 \\ 0 \\ 1 \end{pmatrix}$.

Wir benötigen also noch den Normalenvektor der Dachflächenebene, um den Winkel zu berechnen.

Berechnung des Normalenvektors der Ebene $S_2S_3D_3D_2$

Die Ebene hat beispielsweise die Richtungsvektoren

$$\overrightarrow{S_2S_3} = \begin{pmatrix} 10 \\ 12 \\ 10 \end{pmatrix} - \begin{pmatrix} 10 \\ 0 \\ 10 \end{pmatrix} = \begin{pmatrix} 0 \\ 12 \\ 0 \end{pmatrix} \quad \text{und}$$

$$\overrightarrow{S_2D_2} = \begin{pmatrix} 6 \\ 3 \\ 12 \end{pmatrix} - \begin{pmatrix} 10 \\ 0 \\ 10 \end{pmatrix} = \begin{pmatrix} -4 \\ 3 \\ 2 \end{pmatrix}.$$

Der gesuchte Normalenvektor $\vec{m} = \begin{pmatrix} m_1 \\ m_2 \\ m_3 \end{pmatrix}$ ist zu diesen Richtungsvektoren orthogonal, es gilt also:

$$\begin{pmatrix} m_1 \\ m_2 \\ m_3 \end{pmatrix} \bullet \begin{pmatrix} 0 \\ 12 \\ 0 \end{pmatrix} = 0 \quad \Leftrightarrow \quad 12m_2 = 0 \qquad (1)$$

$$\begin{pmatrix} m_1 \\ m_2 \\ m_3 \end{pmatrix} \bullet \begin{pmatrix} -4 \\ 3 \\ 2 \end{pmatrix} = 0 \quad \Leftrightarrow \quad -4m_1 + 3m_2 + 2m_3 = 0 \qquad (2)$$

Wir wählen $m_3 = k$ und erhalten aus (1): $m_2 = 0$

aus (2): $m_1 = \frac{3}{4} m_2 + \frac{1}{2} m_3 = \frac{3}{4} \cdot 0 + \frac{1}{2} \cdot k$

Damit ergibt sich: $\vec{m} = \begin{pmatrix} m_1 \\ m_2 \\ m_3 \end{pmatrix} = \begin{pmatrix} \frac{1}{2}k \\ 0 \\ k \end{pmatrix} = k \cdot \begin{pmatrix} \frac{1}{2} \\ 0 \\ 1 \end{pmatrix}$ bzw. für $k = 2$: $\vec{m} = \begin{pmatrix} 1 \\ 0 \\ 2 \end{pmatrix}$

Winkelberechnung

Für den gesuchten Winkel φ folgt:

$$\cos\varphi = \frac{|\vec{m} \bullet \vec{n}|}{|\vec{m}| \cdot |\vec{n}|} = \frac{\left| \begin{pmatrix} 1 \\ 0 \\ 2 \end{pmatrix} \bullet \begin{pmatrix} 0 \\ 0 \\ 1 \end{pmatrix} \right|}{\sqrt{1^2 + 0^2 + 2^2} \cdot \sqrt{0^2 + 0^2 + 1^2}} = \frac{2}{\sqrt{5}}$$

$\varphi \approx 26{,}57°$

Inhalt der Fläche $S_2S_3D_3D_2$

Die Vektoren $\overrightarrow{D_2D_3}$ und $\overrightarrow{S_2S_3}$ sind parallel zur x_2-Achse, da sowohl D_2 und D_3 als auch S_2 und S_3 jeweils dieselbe x_1- und x_3-Koordinate haben.
Damit ist das Viereck $S_2S_3D_3D_2$ ein Trapez.

Für den Inhalt A_{Tr} eines Trapezes mit den parallelen Seiten a und c sowie der Höhe h_{ac} gilt:

$$A_{Tr} = \frac{a+c}{2} \cdot h_{ac}$$

Im vorliegenden Trapez gilt für die parallelen Seiten a und c:

$$a = \overline{S_2S_3} = \sqrt{(10-10)^2 + (12-0)^2 + (10-10)^2} = 12$$
$$c = \overline{D_2D_3} = 6$$

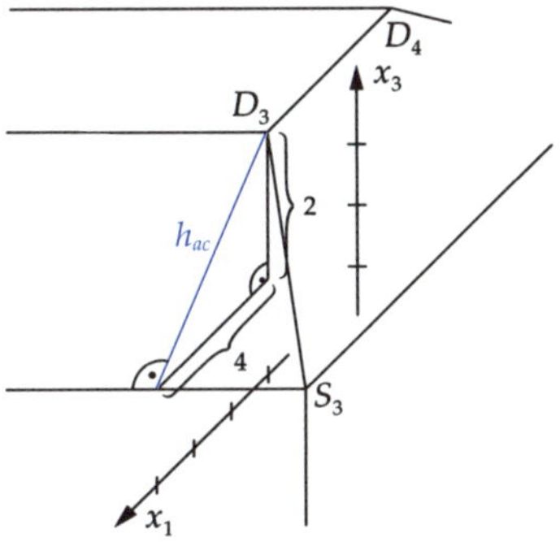

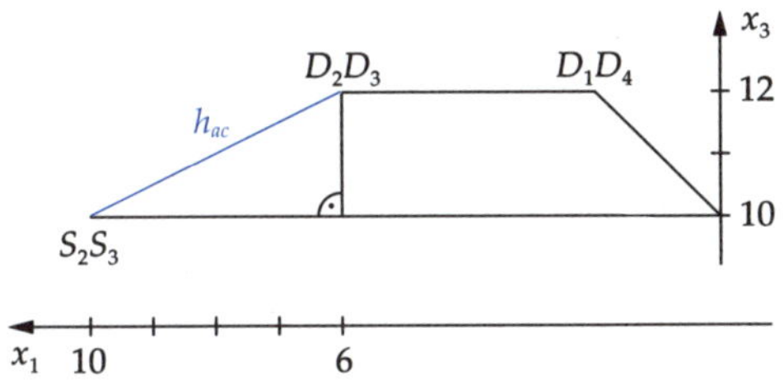

Seitenriss

Für die Höhe h_{ac} folgt aus der Seitenansicht mit dem Satz des Pythagoras:

$$h_{ac} = \sqrt{4^2 + 2^2} = \sqrt{20}$$

Damit ergibt sich für die Trapezfläche: $A_{Tr} = \frac{6+12}{2} \cdot \sqrt{20}$

$$A_{Tr} = 9 \cdot \sqrt{20} \approx 40{,}25$$

b)

Der Punkt $A(9|5|10)$ liegt wegen $x_1 = 9$ und $x_2 = 5$ unterhalb der bereits untersuchten Dachfläche $S_2S_3D_3D_2$.

Mastlänge im Freien

Für die Mastlänge h im Innern folgt mit $\varphi \approx 26{,}57°$ aus Teil a):

$$\frac{h}{1} \approx \tan 26{,}57°$$
$$h \approx 0{,}50$$

Damit ragt der Mast ca.
6 m – 0,50 m = 5,50 m ins Freie.

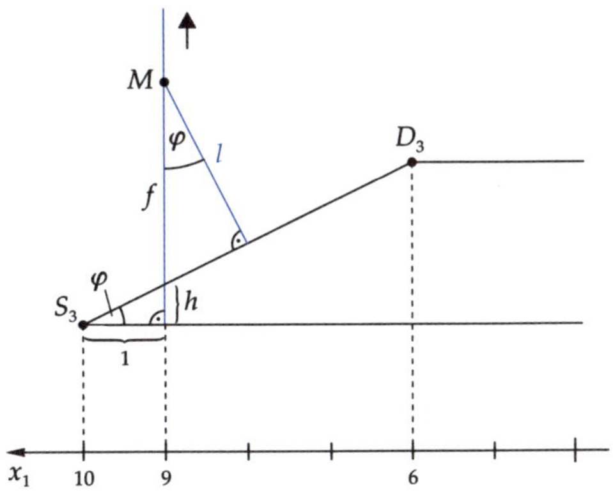

Länge l der Maststütze

Für die Strecke f vom Dach bis zum Mastmittelpunkt gilt:
$f \approx 5{,}50\text{ m} - 3{,}00\text{ m} = 2{,}50\text{ m}$

Damit folgt aus $\frac{l}{f} = \cos\varphi$ für die Länge l der Maststütze:

$$l = f \cdot \cos\varphi \approx 2{,}50 \cdot \frac{2}{\sqrt{5}}$$

$$l \approx 2{,}24$$

Die Maststütze ist also etwa 2,24 m lang.

c) Kugelmittelpunkt M

Der Diagonalenschnittpunkt des Bodens ist der Mittelpunkt von $B_1(0|0|0)$ und $B_3(10|12|0)$, also der Punkt:

$$B\left(\frac{0+10}{2}\,\middle|\,\frac{0+12}{2}\,\middle|\,\frac{0+0}{2}\right) \quad \text{bzw.} \quad B(5|6|0)$$

Da der Kugelmittelpunkt M senkrecht unter B liegt, hat er die Koordinaten $M(5|6|x_3)$ mit $x_3 < 0$, wobei x_3 zu bestimmen ist.
$P_1(10|3|0)$ und $P_2(10|4|2)$ sollen Punkte auf der Kugel sein, sie haben also zu M denselben Abstand:

$$\begin{aligned}
\overline{P_1M} &= \overline{P_2M} \\
\sqrt{(5-10)^2 + (6-3)^2 + (x_3-0)^2} &= \sqrt{(5-10)^2 + (6-4)^2 + (x_3-2)^2} \\
\sqrt{34 + x_3^2} &= \sqrt{29 + x_3^2 - 4x_3 + 4} \\
34 + x_3^2 &= 33 - 4x_3 + x_3^2 \\
x_3 &= -\frac{1}{4}
\end{aligned}$$

Damit erhalten wir den Kugelmittelpunkt $M\left(5|6|-\frac{1}{4}\right)$.

Kugelradius r

r ist der Abstand von M zu P_1 oder P_2:

$$r = \overline{MP_1} = \sqrt{(10-5)^2 + (3-6)^2 + \left(0+\frac{1}{4}\right)^2}$$

$$r = \sqrt{\frac{545}{16}} \approx 5{,}84$$

Höhe h_T des Torbogens

Im rechtwinkligen Dreieck aus der Skizze folgt für h_T mit dem Satz des Pythagoras:

$$h_T + \frac{1}{4} = \sqrt{\frac{545}{16} - 25}$$

$$h_T = \sqrt{\frac{145}{16}} - \frac{1}{4}$$

$$h_T \approx 2{,}76$$

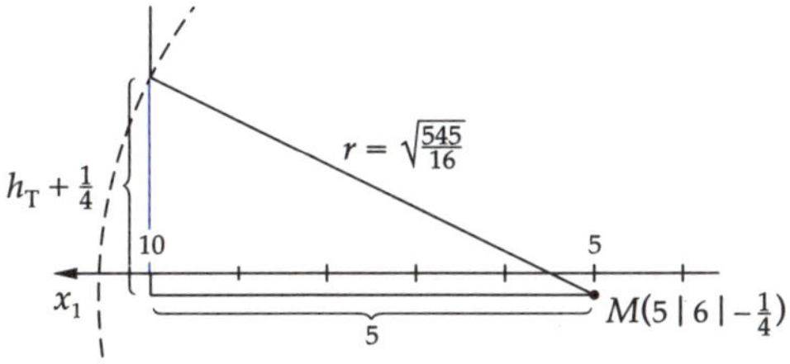

Der Torbogen ist somit ca. 2,76 m hoch.

10. Geometrische Orte von jeder Sorte

10.1 Aufgabenstellung

In einem kartesischen Koordinatensystem sind die Ebene

$E: \; x_1 + 2x_2 + 2x_3 - 12 = 0$

und für jedes $a \in \mathbb{R}$ eine Gerade $g_a: \; \vec{x} = \begin{pmatrix} 12 - 2a \\ 0 \\ a \end{pmatrix} + t \begin{pmatrix} -12 \\ 6 \\ 0 \end{pmatrix}; \; t \in \mathbb{R}$ gegeben.

Spurpunkte

Gerade in der Ebene

Kreisradius

a) Die Ebene E schneidet die Koordinatenachsen in S_1, S_2 und S_3.
Geben Sie die Koordinaten dieser drei Punkte an und zeichnen Sie ein Schrägbild des Dreiecks $S_1S_2S_3$.
Zeigen Sie, dass jede Gerade g_a in der Ebene E liegt.
Zeichnen Sie die Geraden g_0 und g_5 in das vorhandene Schrägbild ein.
Bestimmen Sie den Radius der Kreise in der Ebene E, die g_0 und g_5 als Tangenten haben.

Mittelpunkt-Orte

b) Die Mittelpunkte aller Kugeln, die durch die Spurpunkte der Ebene E gehen, liegen auf einer Geraden.
Ermitteln Sie eine Gleichung dieser Geraden.

Geradengleichung

c) Die Gerade h ist parallel zur x_3-Achse und geht durch den Punkt $(4|10|0)$.
Es gibt eine Gerade durch den Punkt $Q(8|4|2)$, welche g_0 und h schneidet.
Ermitteln Sie eine Gleichung dieser Geraden.

Beweis

Kugelgleichung

d) Der Vektor $\vec{a}$ mit $\vec{a} \neq \vec{o}$ sei der Ortsvektor eines Punktes A.
Zeigen Sie, dass alle Punkte, die vom Ursprung doppelt so weit entfernt sind wie vom Punkt A, auf einer Kugel liegen.
Geben Sie den Radius und den Ortsvektor des Mittelpunktes dieser Kugel in Abhängigkeit von $\vec{a}$ an.

Lösungsweg 10.2

Schnittpunkte mit den Koordinatenachsen a)

Diese Punkte heißen auch Spurpunkte der Ebene E und haben jeweils 2 Koordinaten mit dem Wert null:

$S_1: x_2 = x_3 = 0$

$\Rightarrow \quad x_1 + 2 \cdot 0 + 2 \cdot 0 - 12 = 0$

$x_1 = 12 \quad \Rightarrow \quad S_1(12|0|0)$

$S_2: x_1 = x_3 = 0$

$\Rightarrow \quad 0 + 2 \cdot x_2 + 2 \cdot 0 - 12 = 0$

$x_2 = 6 \quad \Rightarrow \quad S_2(0|6|0)$

$S_3: x_1 = x_2 = 0$

$\Rightarrow \quad 0 + 2 \cdot 0 + 2 \cdot x_3 - 12 = 0$

$x_3 = 6 \quad \Rightarrow \quad S_3(0|0|6)$

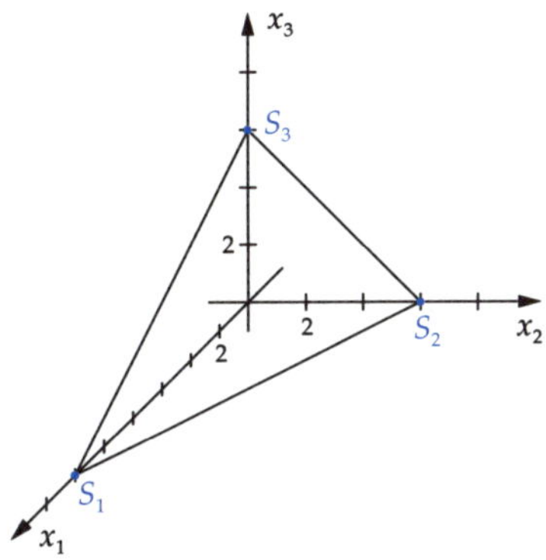

Alle Geraden g_a liegen in E

Aus $g_a: \vec{x} = \begin{pmatrix} 12-2a \\ 0 \\ a \end{pmatrix} + t \cdot \begin{pmatrix} -12 \\ 6 \\ 0 \end{pmatrix}$ folgt für die Koordinaten x_1, x_2 und x_3 eines beliebigen Punktes auf g_a:

$$x_1 = 12 - 2a - 12t$$
$$x_2 = 6t$$
$$x_3 = a$$

Zu zeigen ist, dass alle diese Punkte in E liegen, also dass für diese Koordinaten die Ebenengleichung $x_1 + 2x_2 + 2x_3 - 12 = 0$ erfüllt ist:

$$12 - 2a - 12t + 2 \cdot 6t + 2 \cdot a - 12 = 0 \quad \Leftrightarrow \quad 0 = 0$$ Was zu zeigen war.

Die Geraden g_0 und g_5

Zum Einzeichnen der Geraden bestimmen wir möglichst einfache Punkte, die die Geradengleichungen erfüllen, und tragen diese ein:

- $g_0: \quad \vec{x} = \begin{pmatrix} 12 \\ 0 \\ 0 \end{pmatrix} + t \cdot \begin{pmatrix} -12 \\ 6 \\ 0 \end{pmatrix}$

  $t = 0 \quad \Rightarrow \quad \vec{x} = \begin{pmatrix} 12 \\ 0 \\ 0 \end{pmatrix} \quad \Rightarrow \quad S_1(12|0|0)$ liegt auf g_0.

$$t = 1 \quad \Rightarrow \quad \vec{x} = \begin{pmatrix} 0 \\ 6 \\ 0 \end{pmatrix} \quad \Rightarrow \quad S_2(0|6|0) \text{ liegt auf } g_0.$$

- $g_5: \quad \vec{x} = \begin{pmatrix} 2 \\ 0 \\ 5 \end{pmatrix} + t \cdot \begin{pmatrix} -12 \\ 6 \\ 0 \end{pmatrix}$

$$t = \frac{1}{6} \quad \Rightarrow \quad \vec{x} = \begin{pmatrix} 0 \\ 1 \\ 5 \end{pmatrix} \quad \Rightarrow \quad A(0|1|5) \text{ liegt auf } g_5.$$

$$t = 0 \quad \Rightarrow \quad \vec{x} = \begin{pmatrix} 2 \\ 0 \\ 5 \end{pmatrix} \quad \Rightarrow \quad B(2|0|5) \text{ liegt auf } g_5.$$

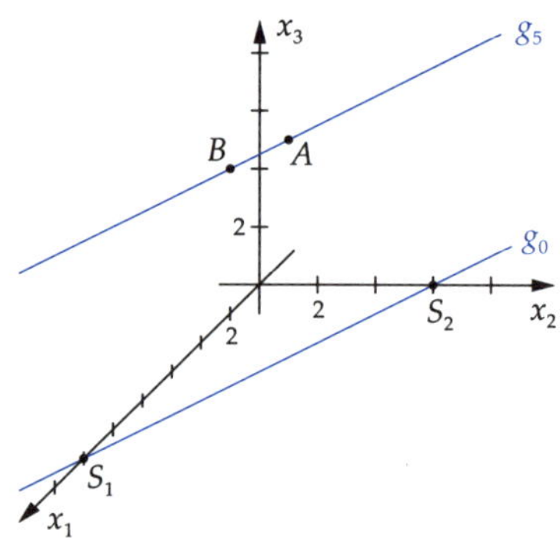

Bestimmung des Kreisradius *r*

Wir bezeichnen den Abstand von g_0 zu g_5 mit $d_{g_0;\, g_5}$.
g_0 und g_5 sind parallele Tangenten an die Kreise und liegen mit den Kreismittelpunkten in derselben Ebene *E*. Deshalb gilt für den gesuchten Kreisradius:

$$r = \frac{1}{2} d_{g_0;\, g_5}$$

Wegen der Parallelität von g_0 und g_5 können wir deren Abstand bestimmen, indem wir den Abstand von g_0 zu einem beliebigen Punkt auf g_5, beispielsweise *A*, ermitteln.

Merke

Sind die Gerade $g: \ \vec{x} = \vec{a} + t \cdot \vec{r}_g$ und der Punkt *P* gegeben, so lässt sich ihr Abstand $d_{P;\, g}$ in drei Schritten berechnen:

1. Stellen Sie eine Normalenform der Hilfsebene *H* auf, die den Punkt *P* enthält und senkrecht zu *g* ist:

   $H: \ (\vec{x} - \vec{p}) \bullet \vec{r}_g = 0$

2. Berechnen Sie den Schnittpunkt *S* von *H* und *g*.
3. Berechnen Sie $d_{P;\, g}$: $d_{P;\, g} = \overline{PS}$

1. Hilfsebene H

Mit $A(0|1|5)$ als Aufpunkt und dem Richtungsvektor $\vec{r}_{g_0} = \begin{pmatrix} -12 \\ 6 \\ 0 \end{pmatrix}$ von g_0 folgt:

$$H: \left[\vec{x} - \begin{pmatrix} 0 \\ 1 \\ 5 \end{pmatrix}\right] \bullet \begin{pmatrix} -12 \\ 6 \\ 0 \end{pmatrix} = 0$$

2. Schnittpunkt S von H und g_0

S ergibt sich durch Einsetzen von $g_0: \vec{x} = \begin{pmatrix} 12 \\ 0 \\ 0 \end{pmatrix} + t \cdot \begin{pmatrix} -12 \\ 6 \\ 0 \end{pmatrix}$ in H:

$$\left[\begin{pmatrix} 12 \\ 0 \\ 0 \end{pmatrix} + t \cdot \begin{pmatrix} -12 \\ 6 \\ 0 \end{pmatrix} - \begin{pmatrix} 0 \\ 1 \\ 5 \end{pmatrix}\right] \bullet \begin{pmatrix} -12 \\ 6 \\ 0 \end{pmatrix} = 0$$

$$\left[\begin{pmatrix} 12 \\ -1 \\ -5 \end{pmatrix} + t \cdot \begin{pmatrix} -12 \\ 6 \\ 0 \end{pmatrix}\right] \bullet \begin{pmatrix} -12 \\ 6 \\ 0 \end{pmatrix} = 0$$

$$12 \cdot (-12) + (-1) \cdot 6 + (-5) \cdot 0 + (-12)^2 \cdot t + 6^2 \cdot t + 0^2 \cdot t = 0$$

$$t = \frac{5}{6}$$

Damit bekommen wir S durch Einsetzen von t in g_0:

$$\vec{x} = \begin{pmatrix} 12 \\ 0 \\ 0 \end{pmatrix} + \frac{5}{6} \cdot \begin{pmatrix} -12 \\ 6 \\ 0 \end{pmatrix} = \begin{pmatrix} 2 \\ 5 \\ 0 \end{pmatrix} \quad \Rightarrow \quad S(2|5|0)$$

3. Abstand von A zu g_0

Es gilt: $d_{A;\, g_0} = \overline{AS} = \sqrt{(2-0)^2 + (5-1)^2 + (0-5)^2}$

$d_{A;\, g_0} = \sqrt{45}$

Mit den bisherigen Resultaten folgt jetzt für den gesuchten Kreisradius r:

$$r = \frac{1}{2} d_{g_0;\, g_5} = \frac{1}{2} d_{A;\, g_0}$$

$$r = \frac{1}{2}\sqrt{45} \approx 3{,}35$$

b)

Die Mittelpunkte haben zu S_1 den gleichen Abstand wie zu S_2. Sie liegen deshalb auf einer Ebene E_1, die den Mittelpunkt M_1 von $\overline{S_1S_2}$ enthält und orthogonal zu $\overrightarrow{S_1S_2}$ ist.
Analog dazu liegen die Mittelpunkte auf einer Ebene E_2, die den Mittelpunkt M_2 von $\overline{S_1S_3}$ enthält und senkrecht auf $\overrightarrow{S_1S_3}$ steht.
Deshalb ist die gesuchte Gerade die Schnittgerade s von E_1 und E_2.

Gleichungen von E_1 und E_2

Mit $M_1\left(\frac{12+0}{2}\middle|\frac{0+6}{2}\middle|\frac{0+0}{2}\right) = M_1(6|3|0)$ und $\vec{n}_1 = \overrightarrow{S_1S_2} = \begin{pmatrix} -12 \\ 6 \\ 0 \end{pmatrix}$ folgt:

$$E_1: \left[\vec{x} - \begin{pmatrix} 6 \\ 3 \\ 0 \end{pmatrix}\right] \cdot \begin{pmatrix} -12 \\ 6 \\ 0 \end{pmatrix} = 0$$

$$-12x_1 + 6x_2 = 6 \cdot (-12) + 3 \cdot 6 + 0 \cdot 0$$

$$E_1: -2x_1 + x_2 = -9$$

Entsprechend erhalten wir mit $M_2\left(\frac{12+0}{2}\middle|\frac{0+0}{2}\middle|\frac{0+6}{2}\right) = M_2(6|0|3)$ und $\vec{n}_2 = \overrightarrow{S_1S_3} = \begin{pmatrix} -12 \\ 0 \\ 6 \end{pmatrix}$ die Ebene E_2:

$$E_2: -2x_1 + x_3 = -9$$

Schnittgerade

Merke

Die Schnittgerade zweier Ebenen, deren Koordinatengleichung gegeben ist, lässt sich folgendermaßen bestimmen:

1. Schreiben Sie die beiden Koordinatengleichungen als Gleichungssystem mit den drei Variablen x_1, x_2 und x_3 untereinander.
2. Ersetzen Sie eine der Variablen durch den Geradenparameter t und lösen Sie das Gleichungssystem nach den beiden anderen Variablen in Abhängigkeit von t auf.
3. Die Geradengleichung der Schnittgeraden s ergibt sich aus den drei von t abhängigen Variablen durch Aufspalten von $\vec{x}$ in einen Aufpunkt $\vec{a}$ und einen Richtungsvektor $\vec{r}$:

$$s: \vec{x} = \begin{pmatrix} x_1(t) \\ x_2(t) \\ x_3(t) \end{pmatrix} = \vec{a} + t \cdot \vec{r}$$

Die Punkte auf der Schnittgeraden s erfüllen die beiden Ebenengleichungen:

$$-2x_1 + x_2 = -9 \qquad (1)$$
$$-2x_1 + x_3 = -9 \qquad (2)$$

Wir wählen beispielsweise $x_1 = t$ als Parameter der Geraden und erhalten aus

(1) und (2): $x_2 = -9 + 2t$
$x_3 = -9 + 2t$

Daraus folgt für die Gerade s, auf der alle Kugelmittelpunkte liegen:

$$s: \vec{x} = \begin{pmatrix} x_1 \\ x_2 \\ x_3 \end{pmatrix} = \begin{pmatrix} t \\ -9+2t \\ -9+2t \end{pmatrix}$$

$$s: \vec{x} = \begin{pmatrix} 0 \\ -9 \\ -9 \end{pmatrix} + t \cdot \begin{pmatrix} 1 \\ 2 \\ 2 \end{pmatrix}$$

c)

Da h parallel zur x_3-Achse ist und durch $P(4|10|0)$ geht, gilt:

$$h: \vec{x} = \begin{pmatrix} 4 \\ 10 \\ 0 \end{pmatrix} + t \cdot \begin{pmatrix} 0 \\ 0 \\ 1 \end{pmatrix}$$

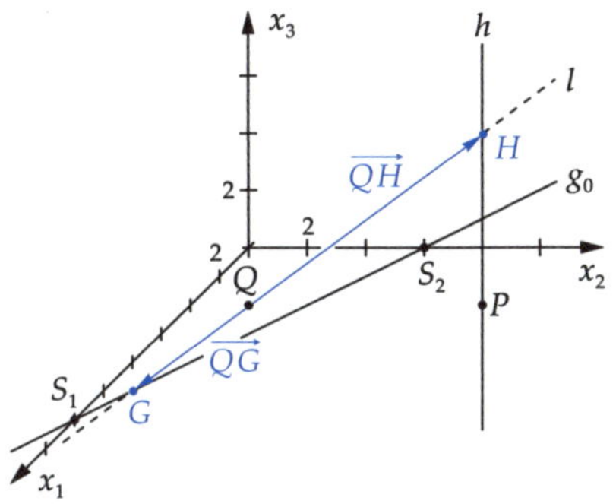

Seien G bzw. H die Schnittpunkte der gesuchten Geraden l mit g_0 bzw. h.
Die Vektoren $\overrightarrow{QG}$ und $\overrightarrow{QH}$ sind dann linear abhängig, da die Punkte Q, G und H auf der gesuchten Geraden l liegen.
Da außerdem $Q(8|4|2)$ nicht auf h liegt (für alle Geradenpunkte gilt $x_1 = 4 \neq 8$), folgt $\overrightarrow{QH} \neq \vec{o}$. Deswegen gibt es eine Zahl $r \in \mathbb{R}$ mit:

$$\overrightarrow{QG} = r \cdot \overrightarrow{QH} \qquad (3)$$

Wir ermitteln jetzt für $\overrightarrow{QG}$ und $\overrightarrow{QH}$ eine von den Parametern s und t abhängige Darstellung.
Aus (3) folgt damit ein Gleichungssystem für r, s und t, aus welchem wir s und somit $\overrightarrow{QG}$ als Richtungsvektor für die gesuchte Gerade erhalten.

Parameterabhängige Darstellung von $\overrightarrow{QG}$

G liegt auf $g_0: \vec{x} = \begin{pmatrix} 12 \\ 0 \\ 0 \end{pmatrix} + s \cdot \begin{pmatrix} -12 \\ 6 \\ 0 \end{pmatrix}$

Damit folgt für den Ortsvektor von G: $\overrightarrow{OG} = \begin{pmatrix} 12-12s \\ 6s \\ 0 \end{pmatrix}$

und somit: $\overrightarrow{QG} = \begin{pmatrix} 12-12s \\ 6s \\ 0 \end{pmatrix} - \begin{pmatrix} 8 \\ 4 \\ 2 \end{pmatrix} = \begin{pmatrix} 4-12s \\ -4+6s \\ -2 \end{pmatrix}$ (4)

Parameterabhängige Darstellung von $\overrightarrow{QH}$

Der Punkt H liegt auf h, hat also den Ortsvektor: $\overrightarrow{OH} = \begin{pmatrix} 4 + t \cdot 0 \\ 10 + t \cdot 0 \\ 0 + t \cdot 1 \end{pmatrix} = \begin{pmatrix} 4 \\ 10 \\ t \end{pmatrix}$

Wir erhalten: $\overrightarrow{QH} = \begin{pmatrix} 4 \\ 10 \\ t \end{pmatrix} - \begin{pmatrix} 8 \\ 4 \\ 2 \end{pmatrix} = \begin{pmatrix} -4 \\ 6 \\ t-2 \end{pmatrix}$ (5)

Bestimmung von $\overrightarrow{QG}$

Aus (3), (4) und (5) ergibt sich: $\begin{pmatrix} 4 - 12s \\ -4 + 6s \\ -2 \end{pmatrix} = r \cdot \begin{pmatrix} -4 \\ 6 \\ t-2 \end{pmatrix}$

Wir eliminieren aus den ersten beiden Gleichungen die Variable r:

$$4r - 12s = -4 \qquad (6)$$
$$-6r + 6s = 4 \qquad (7)$$

Aus $6 \cdot (6) + 4 \cdot (7)$ folgt: $-48s = -8 \quad \Rightarrow \quad s = \frac{1}{6}$

Damit können wir jetzt den Vektor $\overrightarrow{QG}$ bestimmen:

$$\overrightarrow{QG} = \begin{pmatrix} 4 - 12s \\ -4 + 6s \\ -2 \end{pmatrix} = \begin{pmatrix} 4 - 12 \cdot \frac{1}{6} \\ -4 + 6 \cdot \frac{1}{6} \\ -2 \end{pmatrix} = \begin{pmatrix} 2 \\ -3 \\ -2 \end{pmatrix}$$

Bestimmung der Geraden l

Mit dem Aufpunkt $Q(8|4|2)$ und dem Richtungsvektor $\overrightarrow{QG}$ ergibt sich für die gesuchte Gerade l die Parametergleichung:

$$l: \vec{x} = \begin{pmatrix} 8 \\ 4 \\ 2 \end{pmatrix} + t \cdot \begin{pmatrix} 2 \\ -3 \\ -2 \end{pmatrix}$$

d) Ist $\vec{x}$ der Ortsvektor eines Punktes, der die geforderte Bedingung erfüllt, dann gilt:

$$|\vec{x}| = 2|\vec{x} - \vec{a}|$$
$$\vec{x}^2 = 4(\vec{x} - \vec{a})^2$$
$$\vec{x}^2 = 4(\vec{x}^2 - 2\vec{a}\vec{x} + \vec{a}^2)$$

$$3\vec{x}^{\,2} - 8\vec{a}\vec{x} + 4\vec{a}^{\,2} = 0$$

$$\vec{x}^{\,2} - \frac{8}{3}\vec{a}\vec{x} + \frac{4}{3}\vec{a}^{\,2} = 0$$

Um diese Gleichung noch auf die Form einer vektoriellen Kugelgleichung (vgl. G8.2c) zu bringen, führen wir eine quadratische Ergänzung durch:

$$\left[\vec{x} - \frac{4}{3}\vec{a}\right]^2 - \frac{16}{9}\vec{a}^{\,2} + \frac{4}{3}\vec{a}^{\,2} = 0 \quad \Leftrightarrow \quad \left[\vec{x} - \frac{4}{3}\vec{a}\right]^2 = \frac{4}{9}\vec{a}^{\,2}$$

Für den Mittelpunkt M und den Radius r lesen wir ab:

$$\overrightarrow{OM} = \frac{4}{3}\vec{a}\ ; \quad r = \sqrt{\frac{4}{9}\vec{a}^2} = \frac{2}{3}|\vec{a}|$$

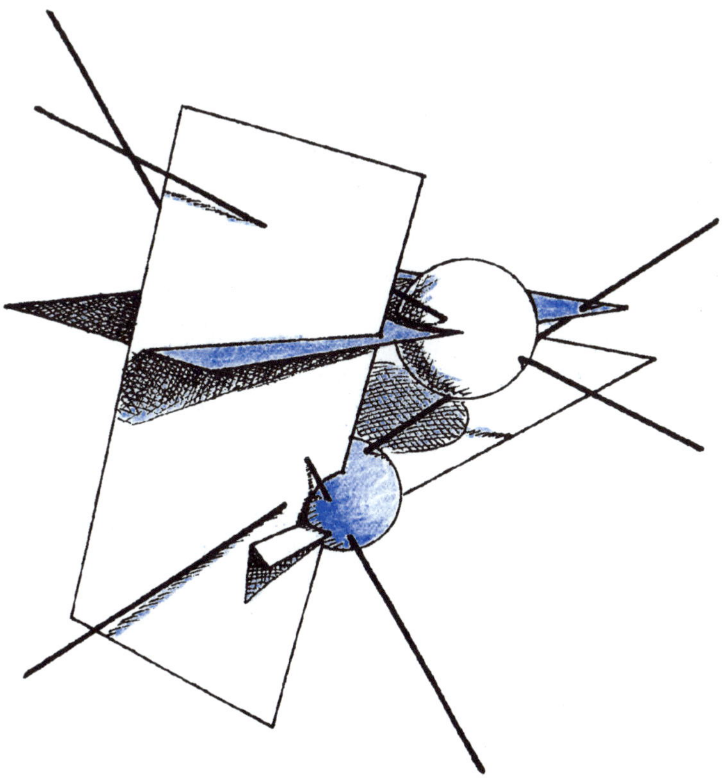

S Stochastik

1. Fahrten zur Arbeit oder in den Stau

1.1 Aufgabenstellung

Ein Firmenmitarbeiter fährt zum Hauptsitz der Firma regelmäßig auf der kürzeren Route *A* oder auf der längeren Route *B*. Die Wahl der Route erfolgt spontan. Aufgrund langjähriger Erfahrungen wird in der Regionalpresse die Staugefahr für die Route *A* mit 80 %, für die Route *B* mit 45 % angegeben. Bei der Jahresauswertung seines Fahrtenbuches stellt der Mitarbeiter fest, dass er sich bei durchschnittlich zwei Drittel aller Fahrten für die Route *B* entschieden hat.

a) Fertigen Sie für das Zufallsexperiment „Fahrten des Mitarbeiters" ein Baumdiagramm an und tragen Sie die zugehörigen Wahrscheinlichkeiten an den Pfaden ein.
Betrachten Sie dazu die folgenden Ereignisse:

Baumdiagramm

A: Es wird die Route *A* gewählt.
B: Es wird die Route *B* gewählt.
S: Der Mitarbeiter gerät in einen Stau.
$\overline{S}$: Der Mitarbeiter gerät in keinen Stau.

bedingte Wahrscheinlichkeiten

Formulieren Sie die Wahrscheinlichkeiten $P(S)$, $P_S(A)$ sowie $P_{\overline{S}}(B)$ in Worten und berechnen Sie diese Wahrscheinlichkeiten.
[Hinweis: Für die Wahrscheinlichkeiten $P_S(A)$ bzw. $P_{\overline{S}}(B)$ ist auch die Schreibweise $P(A|S)$ bzw. $P(B|\overline{S})$ gebräuchlich.]

3× Bernoulli-Experiment

b) Berechnen Sie für die Route *A* und für die Route *B* jeweils die Wahrscheinlichkeit, mit welcher der Mitarbeiter bei drei aufeinander folgenden Fahrten jedes Mal in einen Stau gerät.

Begründen Sie, warum ein Bernoulli-Experiment vorliegt.

Bernoulli-Varianten

c) Bei einem Bernoulli-Experiment trete ein Ereignis mit der Wahrscheinlichkeit *p* ein. Geben Sie jeweils einen Ausdruck zur Berechnung an, mit der dieses Ereignis bei *n*-maliger Durchführung des Bernoulli-Experimentes
- genau *k*-mal
- mindestens *k*-mal
- höchstens *k*-mal

eintritt.

Lösungsweg

1.2

a)

Im Diagramm sind die gegebenen Wahrscheinlichkeiten farbig markiert. Die anderen Wahrscheinlichkeiten ergeben sich aus der Regel, dass die Summe der Wahrscheinlichkeiten von Ästen mit gleichem Verzweigungsknoten immer 1 ergibt.

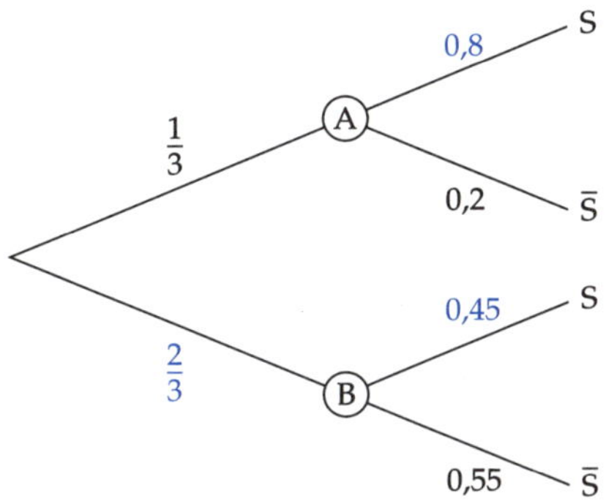

Für die Berechnung von Wahrscheinlichkeiten eines Zufallsexperiments mithilfe eines Baumdiagrammes gelten die zwei Pfadregeln:

1. Pfadregel:
Jeder Pfad entspricht einem Ergebnis des Zufallsexperiments. Die Wahrscheinlichkeit dieses Ergebnisses ergibt sich aus dem Produkt aller Wahrscheinlichkeiten des Pfades.

2. Pfadregel:
Jedes Ereignis des Zufallsexperiments setzt sich aus verschiedenen Ergebnissen zusammen. Die Wahrscheinlichkeit eines Ereignisses bekommt man als Summe der Wahrscheinlichkeiten dieser Ergebnisse, wobei diese mit der 1. Pfadregel ermittelt werden.

Merke

$P(\text{S})$: Die Wahrscheinlichkeit, in einen Stau zu geraten, ergibt sich im Baumdiagramm aus den Pfaden (Ergebnissen), bei denen ein Stau auftritt:

$$P(\text{S}) = \frac{1}{3} \cdot 0{,}8 + \frac{2}{3} \cdot 0{,}45 = \frac{17}{30}$$

$$P(\text{S}) \approx 0{,}5667$$

$P_{\text{S}}(\text{A})$: Dies ist die Wahrscheinlichkeit, mit welcher der Mitarbeiter die Route A gewählt hat, wenn er in einem Stau steht.

Für die Wahrscheinlichkeit $P_X(Y)$ eines Ereignisses Y unter der Voraussetzung, dass das Ereignis X eingetreten ist (bedingte Wahrscheinlichkeit), gilt die Formel:

$$P_X(Y) = \frac{P(X \cap Y)}{P(X)}$$

Merke

Für die Berechnung von $P_S(A)$ benötigen wir also noch $P(A \cap S)$. $A \cap S$ entspricht dem Ergebnis „Der Mitarbeiter hat die Route A gewählt *und* gerät in einen Stau".
Aus dem Baumdiagramm folgt deshalb mit der 1. Pfadregel:

$$P(A \cap S) = \frac{1}{3} \cdot 0{,}8 = \frac{4}{15}$$

Damit erhalten wir: $P_S(A) = \frac{P(A \cap S)}{P(S)} = \frac{4}{15} : \frac{17}{30} = \frac{8}{17}$

$$P_S(A) \approx 0{,}4706$$

$P_{\overline{S}}(B)$: Für die Wahrscheinlichkeit, dass der Mitarbeiter die Route *B* gewählt hat, wenn er in keinem Stau steht, ergibt sich mit der Formel für die bedingte Wahrscheinlichkeit:

$$P_{\overline{S}}(B) = \frac{P(B \cap \overline{S})}{P(\overline{S})}$$

Mit

$$P(\overline{S}) = 1 - P(S) = 1 - \frac{17}{30} = \frac{13}{30}$$

$$P(B \cap \overline{S}) = \frac{2}{3} \cdot 0{,}55 = \frac{11}{30}$$ (siehe Baumdiagramm)

erhalten wir also: $P_{\overline{S}}(B) = \frac{11}{30} : \frac{13}{30} = \frac{11}{13}$

$$P_{\overline{S}}(B) \approx 0{,}8462$$

b) Wir betrachten das Zufallsexperiment mit den beiden Ausgängen S (Stau) und $\overline{S}$ (kein Stau). Da es nur zwei Ausgänge gibt, liegt ein Bernoulli-Experiment vor, welches dreimal nacheinander durchgeführt wird.

Merke

Eine Zufallsvariable mit den zwei Ausgängen A („Treffer") und $\overline{A}$ („kein Treffer") heißt Bernoulli-Experiment.
Sei *X* die Zufallsvariable für die Anzahl der Treffer bei *n* voneinander unabhängigen Durchführungen eines Bernoulli-Experimentes mit der Trefferwahrscheinlichkeit *p*. Dann gilt für die Wahrscheinlichkeit, *k* Treffer zu erzielen, die Bernoulli-Formel:

$$P(X = k) = \binom{n}{k} p^k (1 - p)^{n-k}$$

X heißt in diesem Fall $B_{n;p}$-verteilt.

Mit X als Zufallsvariable für die Anzahl der Staus („Treffer") bei der dreimaligen Durchführung ($n = 3$) des Bernoulli-Experimentes mit den Ausgängen S und $\overline{S}$ ergibt sich …

… für Route A ($p = 0{,}8$): $P(X = 3) = \binom{3}{3} 0{,}8^3 \cdot 0{,}2^0$

$P(X = 3) = 0{,}512$

… für Route B ($p = 0{,}45$): $P(X = 3) = \binom{3}{3} 0{,}45^3 \cdot 0{,}55^0$

$P(X = 3) = 0{,}0911$

c)

Sei X die Zufallsvariable für die Anzahl der Treffer bei der n-maligen Durchführung eines Bernoulli-Experimentes mit der Trefferwahrscheinlichkeit p. Mit der Formel für die Wahrscheinlichkeit von k Treffern aus Teil b) gilt:

für genau k Treffer: $P(X = k) = \binom{n}{k} p^k (1 - p)^{n-k}$

für mindestens k Treffer: $P(X \geqq k) = \sum_{i=k}^{n} \binom{n}{i} p^i (1 - p)^{n-i}$

für höchstens k Treffer: $P(X \leqq k) = \sum_{i=0}^{k} \binom{n}{i} p^i (1 - p)^{n-i}$

2. Spielen mit dem Erwartungswert

2.1 Aufgabenstellung

Ein Skat-Kartenspiel besteht aus 32 Karten, unterteilt in vier Farben zu je acht Werten. Die Karten werden gemischt und mit der Rückseite nach oben gelegt.

3 Karten aus 32

a) Nacheinander werden drei Karten zufällig gezogen. Betrachtet werden die Ereignisse:
A: „Die drei gezogenen Karten sind von gleicher Farbe."
B: „Die drei gezogenen Karten weisen den gleichen Wert (z. B. drei Könige) auf."

Berechnen Sie die Wahrscheinlichkeiten dieser Ereignisse.

Wahrscheinlichkeitsverteilung

b) Die in Teilaufgabe a) beschriebenen Ereignisse A und B bilden die Grundlage für ein Spiel mit folgendem Auszahlungsplan:
Einsatz sind 50 Pfennig. Tritt das Ereignis A ein, so erhält der Spieler 5 DM, für das Eintreten von B erhält er 11 DM. Der Einsatz geht in jedem Fall verloren. Die Zufallsgröße X beschreibe den Gewinn bei diesem Spiel.
Geben Sie eine Wahrscheinlichkeitsverteilung der Zufallsgröße X an und untersuchen Sie, ob ein Spieler bei diesem Spiel auf lange Sicht Gewinn oder Verlust macht.

faires Spiel

Ein faires Spiel ist dadurch gekennzeichnet, dass sich auf lange Sicht Gewinn und Verlust ausgleichen.
Ermitteln Sie bei sonst gleichem Auszahlungsplan einen Auszahlungsbetrag für das Eintreten des Ereignisses A, sodass das Spiel fair ist.

Mindestensaufgabe

c) Ein Spieler setzt seine Hoffnungen in das Eintreten des Ereignisses B bei der wiederholten Durchführung des Spiels.
Berechnen Sie diejenige Anzahl der Spiele, bei der das Ereignis B mindestens einmal mit mindestens 10%iger Wahrscheinlichkeit eintritt.

Lösungsweg

2.2

Berechnung von $P(A)$

a)

Das Zufallsexperiment besteht aus dem Ziehen von drei aus 32 Karten, wobei jede Karte nur einmal gezogen wird (also alle gezogenen Karten verschieden sind) und die Anordnung der gezogenen Karten keine Rolle spielt. Jede Kombination der gezogenen Karten, also jedes Ergebnis unseres Zufallsexperimentes, ist gleichwahrscheinlich.

Ein Zufallsexperiment heißt Laplace-Experiment, wenn alle Ergebnisse des Zufallsexperimentes die gleiche Wahrscheinlichkeit haben.
Für die Wahrscheinlichkeit eines Ereignisses E eines Laplace-Experimentes gilt:

$$P(E) = \frac{\text{Anzahl der Ergebnisse, bei denen } E \text{ eintritt}}{\text{Anzahl der Ergebnisse insgesamt}}$$

Merke

Wir haben also ein Laplace-Experiment vorliegen und ermitteln jetzt die zur Anwendung der Laplace-Formel nötigen Anzahlen von Ergebnissen.
Bei dem betrachteten Zufallsexperiment werden 3 *verschiedene* Karten gezogen, ohne *Wiederholung* und ohne auf die *Reihenfolge* dieser Auswahl zu achten.

Eine k-Kombination *ohne Wiederholung* aus n Elementen ist eine Auswahl von k *verschiedenen* Elementen, wobei nicht auf die *Anordnung* der ausgewählten Elemente geachtet wird.
Für die Anzahl $K_{(oW)}$ solcher k-Kombinationen gilt:

$$K_{(oW)} = \frac{n!}{(n-k)! \cdot k!} = \binom{n}{k}$$

Merke

Anzahl der Ergebnisse insgesamt

Das Laplace-Experiment mit $k = 3$ verschiedenen Karten hat so viele Ergebnisse, wie es 3-Kombinationen aus $n = 32$ Elementen gibt, es gibt also insgesamt $\binom{32}{3}$ verschiedene Ergebnisse.

Anzahl der Ergebnisse, bei denen E eintritt

Analog zur Überlegung oben gibt es $\binom{8}{3}$ Möglichkeiten, aus einer bestimmten Farbe mit $n = 8$ Elementen 3 verschiedene Karten zu ziehen, ohne auf deren Anordnung zu achten .

Da es 4 Farben gibt, gibt es $4 \cdot \binom{8}{3}$ Möglichkeiten, 3 Karten mit derselben Farbe zu ziehen.

Für $P(A)$ erhalten wir dann: $P(A) = \dfrac{4 \cdot \binom{8}{3}}{\binom{32}{3}} = \dfrac{224}{4960} = \dfrac{7}{155}$

$P(A) \approx 0{,}0452 = 4{,}52\,\%$

Berechnung von $P(B)$

Zu jedem Kartenwert gibt es $n = \frac{32}{8} = 4$ Karten. Also existieren $\binom{4}{3}$ verschiedene Möglichkeiten, aus einem bestimmten Wert 3 Karten zu ziehen, ohne dabei auf die Anordnung der Karten zu achten. Bei 8 verschiedenen Werten erhalten wir demnach $8 \cdot \binom{4}{3}$ Möglichkeiten, Karten mit gleichem Wert zu ziehen. Damit folgt wie bei der Berechnung von $P(A)$:

$$P(B) = \frac{8 \cdot \binom{4}{3}}{\binom{32}{3}} = \frac{32}{4960} = \frac{1}{155}$$

$P(B) \approx 0{,}0065 = 0{,}65\,\%$

b) Wahrscheinlichkeitsverteilung von X

Die Wahrscheinlichkeitsverteilung der Zufallsgröße X ist eine Zuordnung, die zu jedem Wert von X die entsprechende Wahrscheinlichkeit angibt. Wir untersuchen daher, welche Werte X annehmen kann und mit welcher Wahrscheinlichkeit diese eintreffen.
Die Gewinne berechnen sich jeweils als Differenz der Auszahlungen zum Einsatz von 0,50 DM.

Tritt das Ereignis A mit $P(A) = \frac{7}{155}$ ein, dann gilt für den Gewinn:

$$X = 5{,}00 \text{ DM} - 0{,}50 \text{ DM} = 4{,}50 \text{ DM}$$

Beim Eintreten von B mit $P(B) = \frac{1}{155}$ erhalten wir:

$$X = 11{,}00 \text{ DM} - 0{,}50 \text{ DM} = 10{,}50 \text{ DM}$$

Tritt weder A noch B ein, dann gilt: $X = -0{,}50 \text{ DM}$

Dies geschieht mit der Wahrscheinlichkeit $p = 1 - \left(\frac{7}{155} + \frac{1}{155}\right) = \frac{147}{155}$, da die Summe der Wahrscheinlichkeiten von Ergebnissen eines Zufallsexperiments immer 1 ergibt.

Damit erhalten wir die folgende Wahrscheinlichkeitsverteilung für X:

X	$-0{,}50$ DM	$4{,}50$ DM	$10{,}50$ DM
$P(X)$	$\frac{147}{155}$	$\frac{7}{155}$	$\frac{1}{155}$

Erwartungswert von X

Ein Spieler wird auf lange Sicht den durchschnittlich zu erwartenden Gewinn der Zufallsgröße X erzielen. Dies ist der Erwartungswert $E(X)$ von X.

Merke

Für den Erwartungswert $E(X)$ einer beliebigen Zufallsgröße X, welche die Werte $x_1, x_2, \ldots, x_n$ annimmt, gilt:

$$E(X) = x_1 \cdot P(x_1) + x_2 \cdot P(x_2) + \ldots + x_n \cdot P(x_n)$$

Es folgt also für $E(X)$:

$$E(X) = -0{,}50\text{ DM} \cdot \frac{147}{155} + 4{,}50\text{ DM} \cdot \frac{7}{155} + 10{,}50\text{ DM} \cdot \frac{1}{155} = -\frac{63}{310}\text{ DM}$$

$$E(X) \approx -0{,}20\text{ DM}$$

Damit macht ein Spieler langfristig gesehen einen durchschnittlichen Verlust von ca. 0,20 DM pro Spiel.

Auszahlungsbetrag für A

Bei einem fairen Spiel ist der durchschnittliche Gewinn 0 DM, es gilt also $E(X) = 0$.

Wir bezeichnen den gesuchten Auszahlungsbetrag von A mit x und erhalten damit:

$$E(X) = 0$$

$$-0{,}50\text{ DM} \cdot \frac{147}{155} + x \cdot \frac{7}{155} + 10{,}50\text{ DM} \cdot \frac{1}{155} = 0 \qquad | \cdot 155$$

$$-73{,}50\text{ DM} + 7x + 10{,}50\text{ DM} = 0$$

$$x = 9\text{ DM}$$

Werden also beim Eintreten des Ereignisses A 9 DM ausbezahlt, dann ist das Spiel fair.

c) Es geht in dieser Aufgabe um die mehrmalige Durchführung des Bernoulli-Experimentes mit den zwei Ergebnissen B und $\overline{B}$, also um eine so genannte Bernoulli-Kette.

Gesucht ist dabei die Länge der Bernoulli-Kette, also die Anzahl n der Durchführungen des Bernoulli-Experimentes.

Für Aufgaben dieser Kategorie steht die Formel für die Wahrscheinlichkeit von k Treffern bei der n-maligen Durchführung des Experimentes zur Verfügung (vgl. S1.2b). Um diese ins Spiel zu bringen, bezeichnen wir die Anzahl der benötigten Spiele mit n.

Außerdem führen wir die Zufallsgröße Z ein, welche die Anzahl beschreibt, mit der das Ereignis B bei n Durchführungen des Zufallsexperimentes auftritt. Z ist dann $B_{n;\frac{1}{155}}$-verteilt und es gilt laut Aufgabe:

$$P(Z \geqq 1) \geqq 10\,\% = 0{,}1 \qquad (1)$$

Merke

Bei vielen Aufgaben, in denen die Länge einer Bernoulli-Kette gesucht ist, ist die Wahrscheinlichkeit für das Ereignis $X \geqq 1$ gegeben.
Die Bernoulli-Formel ist aber nur anwendbar auf Ereignisse der Form $X = k$.
Ersetzen Sie in diesen Fällen die gegebene Wahrscheinlichkeit durch die Wahrscheinlichkeit des Gegenereignisses:

$$P(X \geqq 1) = 1 - P(X = 0) = 1 - \binom{n}{0} p^0 (1-p)^{n-0}$$

$$P(X \geqq 1) = 1 - (1-p)^n$$

Wir erhalten damit aus (1) eine Ungleichung, aus der wir die gesuchte Anzahl n der benötigten Spiele ermitteln können:

$$1 - \left(1 - \frac{1}{155}\right)^n \geqq 0{,}1$$

$$\left(\frac{154}{155}\right)^n \leqq 0{,}9$$

$$n \cdot \lg \frac{154}{155} \leqq \lg 0{,}9 \qquad \Big| : \lg \frac{154}{155} < 0\,!$$

$$n \geqq \frac{\lg 0{,}9}{\lg \frac{154}{155}} \approx 16{,}28$$

$$n \geqq 17$$

Merke

Achten Sie bei der Multiplikation oder Division von Ungleichungen mit negativen Zahlen darauf, dass sich dabei das Ungleichungszeichen ändert!

Es muss also mindestens 17-mal gespielt werden, damit das Ereignis B mit einer Wahrscheinlichkeit von mindestens 10 % eintritt.

Marketing-Mathematik 3.

Aufgabenstellung 3.1

Die Schokoladenfabrik „Furore 2000" stellt Schokoriegel und Pralinen her. Um den Verkauf der Riegel zu fördern, wird einem Teil entsprechend dem Slogan „In jedem siebten Riegel liegt ein Zauberspiegel" ein Werbegeschenk beigelegt. Marion kauft 14 Riegel und öffnet sie nacheinander.

Ereignisse eines Zufallsexperimentes

1. Wie groß ist die Wahrscheinlichkeit dafür, dass sie
   a) in den letzten beiden Riegeln je einen Zauberspiegel findet?
   b) nur in den letzten beiden Riegeln je einen Zauberspiegel findet?
   c) insgesamt zwei Zauberspiegel findet?

Mindestensaufgabe

2. Ein Vater kauft für seine beiden Kinder Schokoriegel. Er erwirbt die doppelte Anzahl von Riegeln, die er wenigstens bräuchte, um mit mehr als 90 % Wahrscheinlichkeit mindestens einen Zauberspiegel zu erhalten.
   Mit welcher Wahrscheinlichkeit hat er dann für jedes Kind mindestens einen Zauberspiegel?

stochastische Unabhängigkeit

3. Eine Umfrage ergibt, dass im Mittel 7 von 10 Befragten den Schokoriegel und 2 von 3 Befragten die Pralinen von Furore 2000 kennen. 90 % der Befragten kennen wenigstens eines der beiden Produkte.
   Untersuchen Sie, ob für die Bekanntheit der Produkte stochastische Unabhängigkeit zutrifft.

Stichprobe

4. Zur Steigerung ihres Bekanntheitsgrads beauftragt Furore 2000 eine Agentur mit einer Werbekampagne. Es wird vereinbart, dass die Agentur eine besondere Prämie bekommen soll, wenn nach der Kampagne mindestens 95 % der Bevölkerung den Markennamen kennen. Es wird eine Umfrage unter 200 zufällig ausgewählten Personen durchgeführt.
   Bestimmen Sie die für Furore 2000 günstigste Vereinbarung mit der Agentur, bei der die Prämie mit einer Wahrscheinlichkeit von mehr als 80 % ausgezahlt wird, falls ein Bekanntheitsgrad von 95 % erreicht wurde.

Kombinatorik

5. Zum Jahrtausendwechsel hat die Firmenchefin, eine Hobbymathematikerin, unter ihren Mitarbeitern ein Preisrätsel veranstaltet.
   Beantworten Sie die beiden dort gestellten Fragen:
   a) Auf wie viele Arten kann man die Primfaktoren in der Primfaktordarstellung der Zahl 2000 anordnen?
   b) Wie viele verschiedene Teiler hat die Zahl 2000?

3.2 Lösungsweg

1.a)

Merke

Zwei Ereignisse A und B heißen stochastisch unabhängig, wenn gilt:

$$P(A \cap B) = P(A) \cdot P(B)$$

Aus der Formulierung „In jedem siebten Riegel liegt ein Zauberspiegel" entnehmen wir, dass die Ereignisse, Spiegel in irgendeinem Riegel vorzufinden, unabhängig voneinander sind und jeweils die Wahrscheinlichkeit $\frac{1}{7}$ haben. Deshalb gilt:

$$P(\text{Spiegel im 13. Riegel } \textit{und} \text{ Spiegel im 14. Riegel}) = \frac{1}{7} \cdot \frac{1}{7} \approx 0{,}0204 = 2{,}04\,\%$$

1.b) Wir müssen hier berücksichtigen, dass sich in den ersten 12 Riegeln jeweils mit der Wahrscheinlichkeit $\frac{6}{7}$ des *Gegenereignisses* kein Spiegel befindet. Wie in Teilaufgabe 1.a folgt dann für die gesuchte Wahrscheinlichkeit p:

$$p = \left(\frac{6}{7}\right)^{12} \cdot \left(\frac{1}{7}\right)^{2} \approx 0{,}0032$$

$$p = 0{,}32\,\%$$

1.c) Bei dieser Fragestellung ist es unerheblich, in welchen Riegeln die Spiegel gefunden werden. Es ist einzig von Interesse, wie viele Spiegel in den 14 Riegeln enthalten sind, wobei das Bernoulli-Experiment „Spiegel" oder „kein Spiegel" 14-mal hintereinander ausgeführt wird.
Bei Aufgaben dieser Art benutzen wir die Bernoulli-Formel. Mit der Zufallsvariablen X für die Anzahl der vorkommenden Spiegel und der Trefferwahrscheinlichkeit $p = \frac{1}{7}$ folgt dann für $k = 2$ Treffer bei $n = 14$ Versuchen:

$$P(X = 2) = \binom{14}{2} \left(\frac{1}{7}\right)^{2} \left(\frac{6}{7}\right)^{12} \approx 0{,}2921$$

$$P(X = 2) = 29{,}21\,\%$$

2. Wir arbeiten auch hier wieder mit der Bernoulli-Formel. Wie in S2.2c) ist zunächst die Länge n der Bernoulli-Kette gesucht: Wie viele Zauberriegel muss der Vater kaufen?
Nachdem wir diese berechnet haben, benutzen wir nochmals die Bernoulli-Formel, um die Wahrscheinlichkeit zu ermitteln, mindestens 2 Zauberspiegel zu bekommen (in diesem Fall bekommt ja jedes Kind mindestens einen Riegel).

Länge *n* der Bernoulli-Kette

Sei n die Anzahl der Schokoriegel, die der Vater bräuchte, um mindestens einen Zauberspiegel zu erhalten. Mit X bezeichnen wir die Zufallsvariable für die Anzahl der Riegel mit einem Zauberspiegel. Für die Wahrscheinlichkeit, mindestens einen Zauberspiegel zu erhalten, gilt dann laut Aufgabe:

$$P(X \geqq 1) \geqq 0{,}9 \qquad (1)$$

Da die Bernoulli-Formel nur für Ereignisse der Form $X = k$ anwendbar ist und nicht für Ereignisse der Form $X \geqq k$, schreiben wir (1) mithilfe des Gegenereignisses um:

$$\begin{aligned}
1 - P(X = 0) &\geqq 0{,}9 \\
P(X = 0) &\leqq 0{,}1 \\
\binom{n}{0}\left(\frac{1}{7}\right)^0\left(1 - \frac{1}{7}\right)^{n-0} &\leqq 0{,}1 \\
\left(\frac{6}{7}\right)^n &\leqq 0{,}1 \\
n \cdot \lg\frac{6}{7} &\leqq \lg 0{,}1 \qquad \Big|: \lg\frac{6}{7} \quad (< 0\,!) \\
n &\geqq \frac{\lg 0{,}1}{\lg\frac{6}{7}} \approx 14{,}93
\end{aligned}$$

Es müssen mindestens 15 Schokoriegel erworben werden; der Vater kauft $2 \cdot 15 =$ 30 Schokoriegel ein.

Wahrscheinlichkeit für mindestens zwei Zauberspiegel

Da wir jetzt n kennen, lässt sich die Wahrscheinlichkeit für das Ereignis $X \geqq 2$ mit der Bernoulli-Formel berechnen. Auch hier (wie bei $X \geqq 1$) können wir diese nur unter Verwendung des Gegenereignisses anwenden:

$$\begin{aligned}
P(X \geqq 2) &= 1 - P(X \leqq 1) = \\
&= 1 - (P(X = 0) + P(X = 1)) = \\
&= 1 - \binom{30}{0}\left(\frac{1}{7}\right)^0\left(\frac{6}{7}\right)^{30} - \binom{30}{1}\left(\frac{1}{7}\right)^1\left(\frac{6}{7}\right)^{29}
\end{aligned}$$

$$P(X \geqq 2) \approx 1 - 0{,}0098 - 0{,}0490$$

$$P(X \geqq 2) \approx 0{,}9411 = 94{,}11\,\%$$

3.

Wir definieren die folgenden Ereignisse:

A: Ein zufällig Befragter kennt den Schokoriegel. $\Rightarrow \quad P(\mathrm{A}) = \frac{7}{10}$

B: Ein zufällig Befragter kennt die Pralinen. $\Rightarrow \quad P(\mathrm{B}) = \frac{2}{3}$

Mit diesen Bezeichnungen gilt dann:

$A \cup B$: Ein Befragter kennt wenigstens eines der beiden Produkte

$$\Rightarrow \quad P(A \cup B) = \frac{9}{10}$$

Um auf stochastische Unabhängigkeit zu überprüfen, müssen wir noch $P(A \cap B)$ berechnen.

Merke

Für zwei beliebige Ereignisse X und Y gilt der allgemeine Additionssatz:

$$P(X \cup Y) = P(X) + P(Y) - P(X \cap Y)$$

Da $P(A \cup B)$ bekannt ist, erhalten wir aus dem Additionssatz:

$$P(A \cap B) = P(A) + P(B) - P(A \cup B) = \frac{7}{10} + \frac{2}{3} - \frac{9}{10}$$

$$P(A \cap B) = \frac{7}{15}$$

Die Bedingung für stochastische Unabhängigkeit ist dann wegen

$$P(A) \cdot P(B) = \frac{7}{10} \cdot \frac{2}{3} = \frac{7}{15} = P(A \cap B)$$

erfüllt. Die Ereignisse A und B sind also stochastisch unabhängig.

4. Die Vereinbarung von Furore 2000 mit der Werbeagentur könnte den folgenden Wortlaut haben:

„Die Prämie wird ausbezahlt, wenn unter den 200 Befragten mindestens k Personen den Markennamen kennen."

Unsere Aufgabe ist es dann, k zu bestimmen, wobei wir zuerst einmal überlegen, was die Formulierung „günstigste Vereinbarung" besagt.
Wir bezeichnen hierzu die Zufallsvariable für die Anzahl der Personen, die den Markennamen kennen, mit Z. Die Prämie wird also vereinbarungsgemäß für $Z \geqq k$ ausbezahlt. Dabei soll für die dazugehörige Wahrscheinlichkeit gelten:

$$P(Z \geqq k) > 0{,}8 \qquad (2)$$

In diesem Zusammenhang ist diejenige Vereinbarung für Furore *am günstigsten*, bei der (2) erfüllt ist, wobei k möglichst groß ist. Wir bestimmen also dieses k.
Um mit (2) arbeiten zu können, benötigen wir die Wahrscheinlichkeitsverteilung von Z:
Das Bernoulli-Experiment „bekannt" – „nicht bekannt" wird 200-mal hintereinander ausgeführt. Dabei kennt jede befragte Person den Markennamen mit der Wahrscheinlichkeit $p = 0{,}95$ (es wurde ja laut Aufgabe ein Bekanntheitsgrad von 95% erreicht). Damit ist Z $B_{200;0,95}$-verteilt.

Die Zufallsvariable X sei $B_{n;p}$-verteilt.

Wahrscheinlichkeiten der Form $P(X \leqq k)$ lassen sich dann direkt der Tabelle für die summierte Binomialverteilung entnehmen.

Wahrscheinlichkeiten der Form $P(X \geqq k)$ oder $P(k_1 \leqq X \leqq k_2)$ können Sie mithilfe der folgenden Beziehungen aus Tabellenwerten ermitteln:

$$P(X \geqq k) = 1 - P(X \leqq k-1)$$

$$P(k_1 \leqq X \leqq k_2) = P(X \leqq k_2) - P(X \leqq k_1 - 1)$$

Merke

Für die $B_{200;0,95}$-verteilte Zufallsvariable Z erhalten wir damit aus (2):

$$1 - P(Z \leqq k-1) > 0{,}8$$

$$P(Z \leqq k-1) < 0{,}2 \qquad (3)$$

Wir entnehmen der Tabelle, dass (3) und damit (2) erfüllt ist für: $k-1 \leqq 186$

$k \leqq 187$

Damit ist $k = 187$ die größtmögliche Zahl, für die (2) gilt, und die für Furore 2000 günstigste Vereinbarung lautet:

„Die Werbeagentur bekommt ein Prämie, falls bei der Befragung von 200 Personen mindestens 187 den Markennamen kennen."

5. a)

Für die Primfaktordarstellung von 2000 gilt: $2000 = 2^4 \cdot 5^3$

Hier kommen der Faktor 2 viermal und der Faktor 5 dreimal vor. Es gibt demnach insgesamt sieben Primfaktoren in der Primfaktordarstellung, die wir uns nacheinander angeordnet vorstellen:

$$2000 = p_1 \cdot p_2 \cdot p_3 \cdot p_4 \cdot p_5 \cdot p_6 \cdot p_7$$

Es gibt genau so viele Möglichkeiten der Primfaktoranordnung, wie es Möglichkeiten gibt, aus den sieben Primfaktor*plätzen* vier verschiedene auszuwählen, die den Wert 2 erhalten, wobei die Reihenfolge dieser Auswahl keine Rolle spielt.
Dies sind aber so viele Möglichkeiten, wie es 4-Kombinationen aus 7 Elementen gibt (vgl. S2.2a).

Wir erhalten somit $\binom{7}{4}$ = 35 Möglichkeiten , die Primfaktoren anzuordnen.

(Man kann aus den sieben Primfaktorplätzen auch drei auswählen, die den Wert 5 erhalten; das Ergebnis ändert sich dadurch wegen $\binom{7}{3} = 35$ nicht.)

5. b) Wir überlegen uns zunächst einmal, wie die Teiler von 2000 beschaffen sind. An der Primfaktorzerlegung $2000 = 2^4 \cdot 5^3$ kann man erkennen, dass alle Teiler t von 2000 charakterisiert sind durch die Darstellung:

$$t = 2^m \cdot 5^n \text{ mit } 0 \leqq m \leqq 4 \text{ und } 0 \leqq n \leqq 3$$

Es gibt also so viele Teiler, wie es Möglichkeiten gibt, die Zahlen m und n zu wählen. Wegen $0 \leqq m \leqq 4$ und $0 \leqq n \leqq 3$ gibt es dabei 5 Möglichkeiten für m und 4 Möglichkeiten für n, also insgesamt $5 \cdot 4 = 20$ Möglichkeiten.

Es existieren somit insgesamt 20 verschiedene Teiler von 2000.

Ein fast normalverteiltes Fest 4.

Aufgabenstellung 4.1

An einem Gymnasium mit 500 Schülern bereitet der Schülerrat ein Schulfest vor. Für eine grobe Finanzplanung wird davon ausgegangen, dass ein Schüler mit einer Wahrscheinlichkeit von 0,6 genau eine Karte für das Fest kauft.

a) Zusätzlich zum Verkauf der Eintrittskarten werden T-Shirts mit dem Schullogo verkauft, was zur Finanzierung des Schulfestes beitragen soll. Ein Schüler, der eine Eintrittskarte gekauft hat, kaufe mit der Wahrscheinlichkeit von 0,4 ein T-Shirt. Ein Schüler, der keine Eintrittskarte gekauft hat, kaufe mit der Wahrscheinlichkeit von 0,7 ein T-Shirt.

Ein Schüler hat ein T-Shirt gekauft.
Berechnen Sie, mit welcher Wahrscheinlichkeit der Schüler unter dieser Bedingung eine Eintrittskarte gekauft hat.

bedingte Wahrscheinlichkeit

b) Die Zufallsgröße X beschreibe die Anzahl der von den Schülern des Gymnasiums gekauften Karten.

Zeigen Sie, dass die Zufallsgröße X näherungsweise als normalverteilt betrachtet werden kann.

Normalverteilung

Berechnen Sie die Wahrscheinlichkeit dafür, dass mindestens 310 Karten verkauft werden.

c) Eintrittskarten werden außer Schülern nur noch Lehrern zum Kauf angeboten. Die Wahrscheinlichkeit, dass ein Lehrer genau eine Karte für das Schulfest erwirbt, sei ebenfalls 0,6.
Die Finanzierung des Festes gilt als gesichert, wenn mindestens 310 Karten verkauft werden. Dieses Ereignis soll mit mindestens 70%iger Wahrscheinlichkeit eintreten.
Berechnen Sie, wie vielen Lehrern mindestens Karten angeboten werden müssen, um die Finanzierung zu gewährleisten.

Mindestensaufgabe mit Normalverteilung

4.2 Lösungsweg

a) In dieser Aufgabe haben wir es mit einem zweistufigen Zufallsexperiment zu tun, das aus zwei nacheinander durchgeführten Bernoulli-Experimenten besteht.

1. Stufe: Ein Schüler kauft eine Karte (oder nicht).
2. Stufe: Der Schüler kauft ein T-Shirt (oder nicht).

Tipp

> Zweistufige Zufallsexperimente, die aus zwei Bernoulli-Experimenten bestehen, eignen sich besonders gut für eine Untersuchung mithilfe eines Baumdiagramms.

Dazu führen wir die folgenden Ereignisse E und T ein:

E : Ein Schüler kauft eine Eintrittskarte.
T : Ein Schüler kauft ein T-Shirt.

Damit sind die folgenden Wahrscheinlichkeiten gegeben:

$$P(\mathrm{E}) = 0{,}6\ ;\ P_{\mathrm{E}}(\mathrm{T}) = 0{,}4\ ;\ P_{\overline{\mathrm{E}}}(\mathrm{T}) = 0{,}7$$

Wir fertigen also ein Baumdiagramm an, bei dem die erste Verzweigunsstufe die Ereignisse E und $\overline{\mathrm{E}}$ enthält und die zweite Verzweigunsstufe T und $\overline{\mathrm{T}}$.

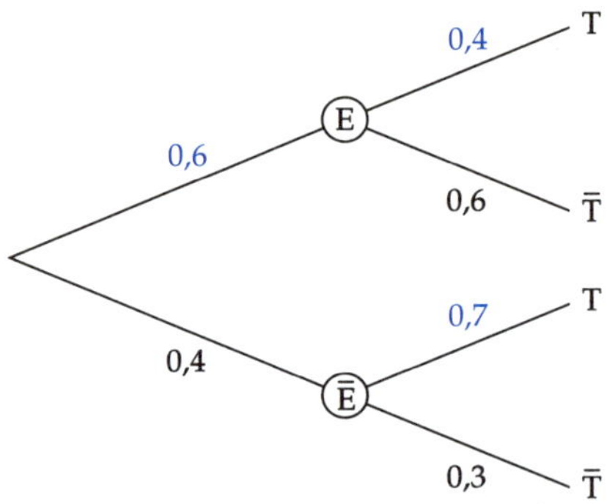

Im Diagramm sind die gegebenen Wahrscheinlichkeiten farbig eingetragen. Die anderen Wahrscheinlichkeiten ergeben sich als Wahrscheinlichkeiten von Gegenereignissen.

Gesucht ist die Wahrscheinlichkeit $P_{\mathrm{T}}(\mathrm{E})$. Mit der Formel für bedingte Wahrscheinlichkeiten gilt:

$$P_{\mathrm{T}}(\mathrm{E}) = \frac{P(\mathrm{E} \cap \mathrm{T})}{P(\mathrm{T})}$$

Aus dem Baumdiagramm erhalten wir:

mit der 1. Pfadregel: $P(\mathrm{E} \cap \mathrm{T}) = 0{,}6 \cdot 0{,}4 = 0{,}24$
mit der 2. Pfadregel: $P(\mathrm{T}) = 0{,}6 \cdot 0{,}4 + 0{,}4 \cdot 0{,}7 = 0{,}52$

Damit folgt für die gesuchte Wahrscheinlichkeit: $P_T(E) = \frac{0{,}24}{0{,}52} = \frac{6}{13}$

$P_T(E) \approx 46{,}15\,\%$

X ist näherungsweise normalverteilt

b)

Wir überlegen uns zunächst, welche Wahrscheinlichkeitsverteilung tatsächlich vorliegt.

Es geht um 500 unabhängige Durchführungen des Bernoulli-Experimentes „Schüler kauft eine Karte" – „Schüler kauft keine Karte" mit einer Trefferwahrscheinlichkeit von 0,6 für das Ergebnis „Schüler kauft eine Karte".
Damit liegt eine Bernoulli-Kette vor und X beschreibt die Anzahl der Treffer.
X ist also $B_{500;0,6}$-verteilt.

Merke

Sei die Zufallsvariable X $B_{n;p}$-verteilt mit dem Erwartungswert $\mu = n \cdot p$ und der Standardabweichung $\sigma = \sqrt{np(1-p)}$.
Gilt dann $np(1-p) \geqq 9$, so kann die Binomialverteilungsfunktion durch die Normalverteilung Φ angenähert werden und es gilt:

$$P(X \leqq k) \approx \Phi\left(\frac{0{,}5 + k - \mu}{\sigma}\right)$$

$$P(X \geqq k) \approx \Phi\left(\frac{0{,}5 - k + \mu}{\sigma}\right)$$

$$P(a \leqq X \leqq b) \approx \Phi\left(\frac{b + 0{,}5 - \mu}{\sigma}\right) - \Phi\left(\frac{a - 0{,}5 - \mu}{\sigma}\right)$$

Die Werte von Φ können Sie der Tabelle entnehmen.

Da X $B_{500;0,6}$-verteilt ist mit $np(1-p) = 500 \cdot 0{,}6 \cdot 0{,}4 = 120 \geqq 9$, kann X näherungsweise als normalverteilt angenommen werden.

Wahrscheinlichkeit für mindestens 310 verkaufte Karten

Das Ereignis „Mindestens 310 Karten werden verkauft" tritt ein für $X \geqq 310$. Wir benutzen jetzt die Approximation von X durch die Normalverteilung, um die Wahrscheinlichkeit dieses Ereignisses zu berechnen.

Mit $\mu = 500 \cdot 0{,}6 = 300$ und $\sigma = \sqrt{500 \cdot 0{,}6 \cdot 0{,}4} = \sqrt{120}$ erhalten wir unter der Verwendung der Tabelle für Φ:

$$P(X \geqq 310) \approx \Phi\left(\frac{0{,}5 - 310 + 300}{\sqrt{120}}\right) \approx \Phi(-0{,}867) \approx 0{,}193$$

$$P(X \geqq 310) \approx 19{,}3\,\%$$

Es werden demnach mit einer Wahrscheinlichkeit von ca. 19,3 % mindestens 310 Karten verkauft.

c) Zur Analyse der Fragestellung bezeichnen wir die Anzahl der zu befragenden Lehrer mit n und die Zufallsvariable für die Anzahl der verkauften Karten mit Z. Wir stellen noch fest, dass Z dann $B_{n+500;0,6}$-verteilt ist, da $n + 500$ Lehrer und Schüler jeweils mit einer Wahrscheinlichkeit von 0,6 eine Karte kaufen. Damit lautet die Aufgabe folgendermaßen:

Gesucht ist die *kleinste* Anzahl n („Wie vielen Lehrern müssen *mindestens* Karten angeboten werden?"), sodass gilt:

$$P(Z \geqq 310) \geqq 0{,}7 \qquad (1)$$

(Das Ereignis „*Mindestens* 310 Karten werden verkauft" soll mit *mindestens* 70%iger Wahrscheinlichkeit eintreten.)

Unser Ziel ist es, n aus (1) zu bestimmen. Dazu überlegen wir, wie die Wahrscheinlichkeit $P(Z \geqq 310)$ von n abhängt.

Z ist $B_{n+500;0,6}$-verteilt mit: $\mu = (n + 500) \cdot p = (n + 500) \cdot 0{,}6$

$$\sigma = \sqrt{(n + 500) \cdot 0{,}6 \cdot (1 - 0{,}6)} = \sqrt{(n + 500) \cdot 0{,}24}$$

Wegen $(n + 500) \cdot 0{,}24 \geqq 500 \cdot 0{,}24 \approx 120 \geqq 9$ kann Z durch die Normalverteilung Φ approximiert werden. Es gilt also:

$$P(Z \geqq 310) \approx \Phi\left(\frac{0{,}5 - 310 + (n + 500) \cdot 0{,}6}{\sqrt{(n + 500) \cdot 0{,}24}}\right)$$

$$P(Z \geqq 310) \approx \Phi\left(\frac{0{,}6n - 9{,}5}{\sqrt{0{,}24n + 120}}\right)$$

Mit diesem Ausdruck für $P(Z \geqq 310)$ und mit (1) folgt jetzt eine Ungleichung für n, aus der n bestimmt werden kann:

$$\Phi\left(\frac{0{,}6n - 9{,}5}{\sqrt{0{,}24n + 120}}\right) \geqq 0{,}7$$

Die Funktion Φ ist monoton wachsend (wie jede Verteilungsfunktion in der Wahrscheinlichkeitsrechnung).
Aus den Tabellenwerten $\Phi(0{,}524) \approx 0{,}6999 < 0{,}7$ und $\Phi(0{,}525) \approx 0{,}7002 > 0{,}7$ folgt deshalb:

$$\frac{0{,}6n - 9{,}5}{\sqrt{0{,}24n + 120}} \geqq 0{,}524$$

$$0{,}524\sqrt{0{,}24n + 120} \leqq 0{,}6n - 9{,}5 \qquad (2)$$

Zur Lösung dieser Ungleichung unterscheiden wir zwei Fälle:

Fall 1 Für $0 \leqq n < \frac{9{,}5}{0{,}6} = 15{,}83$ hat (2) keine Lösung, da dann die linke Seite positiv und die recht Seite negativ ist.

Fall 2 Für $\geqq n$: $15{,}8\overline{3}$ sind beide Seiten positiv. Dann folgt aus (2) durch Quadrieren:

$$0{,}06589824n + 33{,}94912 \leqq 0{,}36n^2 - 11{,}4n + 90{,}25 \qquad (3)$$

$$0{,}36n^2 - 11{,}46589824n + 57{,}30088 \geqq 0$$

$$n_{1,2} = \frac{11{,}46589824 \pm \sqrt{(-11{,}46589824)^2 - 4 \cdot 0{,}36 \cdot 57{,}30088}}{2 \cdot 0{,}36}$$

$$n_1 \approx 25{,}64\,;\; n_2 \approx 6{,}21$$

$$\Rightarrow \quad n \leqq 6{,}21 \text{ oder } n \geqq 25{,}64$$

Wegen $n \geqq 15{,}8\overline{3}$ entfällt $n \leqq 6{,}21$ und wir erhalten die Lösung $n \geqq 25{,}64$.

Wir fassen unsere bisherige Resultate zusammen:

Die Bedingung (1) ist äquivalent zu $n \geqq 25{,}64$. Da die kleinste natürliche Zahl gesucht ist, die (1) erfüllt, ist $n = 26$ die gesuchte Lösung.

Damit müssen mindestens 26 Lehrern Karten angeboten werden, um die Finanzierung des Schulfestes (mit 70%iger Wahrscheinlichkeit) zu gewährleisten.

5. Entscheidungsregeln für die Gastronomie

5.1 Aufgabenstellung

1. Ein Ferienhotel hat 4 Stockwerke mit je 40 Zimmern. Jedes Stockwerk besteht aus zwei einander gegenüberliegenden Zimmerreihen mit je 20 Zimmern.

Kombinatorik

   a) Ein Kegelverein möchte 6 nebeneinander liegende Zimmer mieten. Wie viele Möglichkeiten gibt es, diesen Wunsch zu erfüllen, wenn im Hotel noch alle 160 Zimmer frei sind?
   b) Vier Ehepaare bestellen jeweils ein Zimmer. Diese werden ihnen rein zufällig zugewiesen.
   Mit welcher Wahrscheinlichkeit sind alle vier Zimmer im gleichen Stockwerk, wenn bis dahin nur sechs Zimmer im 4. Stockwerk vergeben sind?

2. 11 % aller Buchungen werden üblicherweise nicht wahrgenommen. Deshalb nimmt der Manager des Hotels 170 Buchungen für die 160 Zimmer an. Mit welcher Wahrscheinlichkeit bekommt er Ärger durch Überbuchung?

Normalverteilung

   Rechnen Sie mit der Normalverteilung als Näherung.

3. Im Hotelrestaurant bestellen die Gäste mit einer Wahrscheinlichkeit von 30 % das Tagesmenü.

Mindestens-aufgabe

   a) Wie viele Gäste müssen das Hotelrestaurant mindestens besuchen, damit mit einer Wahrscheinlichkeit von mehr als 99 % wenigstens einer dieser Gäste das Tagesmenü bestellt?

   Aus langjähriger Erfahrung weiß man, dass 10 % der Gäste, die das Tagesmenü bestellen, und 70 % der übrigen Gäste das Essen mit einem Kaffee abschließen.

bedingte Wahrscheinlichkeiten

   b) Bestimmen Sie die Wahrscheinlichkeit dafür, dass ein zufällig ausgewählter Gast keinen Kaffee trinkt.
   c) Mit welcher Wahrscheinlichkeit trinken von 100 Gästen, die das Tagesmenü bestellen, mindestens drei mehr als erwartet einen Kaffee?

4. Der Anteil der Hausgäste unter den Restaurantbesuchern sei p.

Ziehen mit Zurücklegen

   Für welchen Wert von p ist die Wahrscheinlichkeit dafür, dass unter vier zufällig ausgewählten Restaurantbesuchern ein oder zwei Hausgäste sind, maximal? (Rechnen Sie wie beim „Ziehen mit Zurücklegen".)

Tschebyschew-Ungleichung

5. Ein Kellner weiß aus langjähriger Erfahrung, dass die Gäste unabhängig voneinander im Mittel 5 DM Trinkgeld pro Abrechnung geben, wobei die Zufallsgröße T: „Trinkgeld pro Abrechnung" eine Standardabweichung von 1,50 DM besitzt. An einem Abend werden 120 Abrechnungen gezählt.

Schätzen Sie mit der Ungleichung von Tschebyschew die Wahrscheinlichkeit ab, mit der das Trinkgeld an diesem Abend zwischen 570 DM und 630 DM liegt.

6. Wenn mindestens 4 % der Gäste mit dem Service unzufrieden sind, sollen Sonderschulungen für das Personal abgehalten werden.
200 Gäste werden zufällig ausgewählt und befragt.
Bei welcher Entscheidungsregel wird die Nullhypothese H_0: „Mindestens 4 % der Gäste sind unzufrieden" mit einer Wahrscheinlichkeit von höchstens 5 % irrtümlich abgelehnt?

Entscheidungsregel

5.2 Lösungsweg

1. a) Es gibt pro Zimmerreihe mit 20 Zimmern 15 Möglichkeiten, 6 nebeneinander liegende Zimmer zu mieten (Zimmer 1 bis Zimmer 6, … , Zimmer 15 bis Zimmer 20).

Bei 8 Zimmerreihen ergeben sich insgesamt $8 \cdot 15 =$ **120 Möglichkeiten** .

1. b) Das Zufallsexperiment besteht in der „rein zufälligen" Zuweisung von 4 verschieden Zimmern aus insgesamt $40 + 40 + 40 + 34 = 154$ Zimmern, wobei die Reihenfolge dieser Zuweisung ohne Bedeutung ist. Alle Ergebnisse des Zufallsexperiments sind gleichwahrscheinlich; wir haben es also mit einem Laplace-Experiment zu tun. Dieses hat $\binom{156}{4}$ Ergebnisse (Anzahl der 4-Kombinationen aus 156 Elementen).

Wir berechnen jetzt noch die Anzahl der Ergebnisse, bei denen das Ereignis

E: Alle vier Zimmer sind im gleichen Stockwerk

eintritt.

Es gibt für die ersten 3 Stockwerke jeweils $\binom{40}{4}$ Möglichkeiten, die 4 Ehepaare in 40 Zimmern unterzubringen.

Im 4. Stock gibt es bei 34 Zimmern noch $\binom{34}{4}$ Möglichkeiten.

Das Ereignis E trifft also bei $3 \cdot \binom{40}{4} + \binom{34}{4}$ Ergebnissen ein.

Mit der Formel für die Wahrscheinlichkeit eines Ereignisses bei einem Laplace-Experiment folgt dann:

$$p(E) = \frac{3 \cdot \binom{40}{4} + \binom{34}{4}}{\binom{154}{4}} \approx 0{,}0142$$

$$\mathbf{p(E) \approx 1{,}42\,\%}$$

2. Wir untersuchen zuerst, was für ein Zufallsexperiment vorliegt. Dieses besteht aus 170 voneinander unabhängigen Durchführungen des Bernoulli-Experiments

„Die Buchung wird wahrgenommen" – „die Buchung wird nicht wahrgenommen",

wobei uns die Anzahl X der dabei wahrgenommenen Buchungen interessiert. X entspricht dann der Anzahl der Treffer in einer Bernoulli-Kette mit der Länge $n = 170$ bei einer Trefferwahrscheinlichkeit von $p = 1 - 0{,}11 = 0{,}89$ und ist somit $B_{170;\,0,89}$-verteilt.

Die Aussage „Ärger durch Überbuchung“ bedeutet in diesem Zusammenhang das Eintreten des Ereignisses $X \geqq 161$, da dann mehr als die vorhandenen 160 Zimmer gebucht werden. Wir berechnen also $P(X \geqq 161)$.

Wegen $n \cdot p \cdot (1-p) = 170 \cdot 0{,}89 \cdot 0{,}11 = 16{,}643 \geqq 9$ kann X durch die Normalverteilung approximiert werden. Mit

$$\mu = n \cdot p = 170 \cdot 0{,}89 = 151{,}3$$
$$\sigma = \sqrt{n \cdot p \cdot (1-p)} = \sqrt{170 \cdot 0{,}89 \cdot 0{,}11} = \sqrt{16{,}643}$$

erhalten wir dann:

$$P(X \geqq 161) \approx \Phi\left(\frac{0{,}5 - 161 + 151{,}3}{\sqrt{16{,}643}}\right) \quad \text{(vgl. S4.2b)}$$
$$\approx \Phi(-2{,}255) \approx 0{,}0121$$

$P(X \geqq 161) = 1{,}21\,\%$

3. a)

Auch hier geht es um die wiederholte Durchführung eines Bernoulli-Experimentes: Ein Gast bestellt das Tagesmenü oder nicht.
Dabei ist diesmal die Anzahl n der Gäste gesucht, also die Länge der Bernoulli-Kette.

Wir bezeichnen die Zufallsgröße für die Anzahl der Gäste, die ein Tagesmenü bestellen, mit X. Bei einer Trefferwahrscheinlichkeit von $p = 0{,}3$ ist X dann $B_{n;0,3}$-verteilt.
Laut Aufgabe soll die Wahrscheinlichkeit, dass *wenigstens* ein Gast das Tagesmenü bestellt, *größer* als 99 % sein, es gilt also:

$$P(X \geqq 1) > 0{,}99$$

Mit der Bernoulli-Formel folgt dann unter Verwendung des Gegenereignisses:

$$1 - P(X = 0) > 0{,}99$$
$$P(X = 0) < 0{,}01$$
$$\binom{n}{0} \cdot 0{,}3^0 \cdot 0{,}7^{n-0} < 0{,}01$$
$$0{,}7^n < 0{,}01$$
$$n \cdot \lg 0{,}7 < \lg 0{,}01 \qquad |:\lg 0{,}7\ (< 0\,!)$$
$$n > \frac{\lg 0{,}01}{\lg 0{,}7} \approx 12{,}9$$

Es müssen demnach mindestens 13 Gäste das Restaurant besuchen.

3. b)

Das betrachtete Zufallsexperiment ist zweistufig und besteht aus zwei Bernoulli-Experimenten:

T: Der Gast isst ein Tagesmenü. – $\overline{\text{T}}$: Der Gast isst kein Tagesmenü.
K: Der Gast trinkt einen Kaffee. – $\overline{\text{K}}$: Der Gast trinkt keinen Kaffee.

Bei solchen Zufallsexperimenten bietet sich ein Baumdiagramm an. Gegeben sind die Wahrscheinlichkeiten:

$P(\mathrm{T}) = 0{,}3$
$P_{\mathrm{T}}(\mathrm{K}) = 0{,}1$
$P_{\overline{\mathrm{T}}}(\mathrm{K}) = 0{,}7$

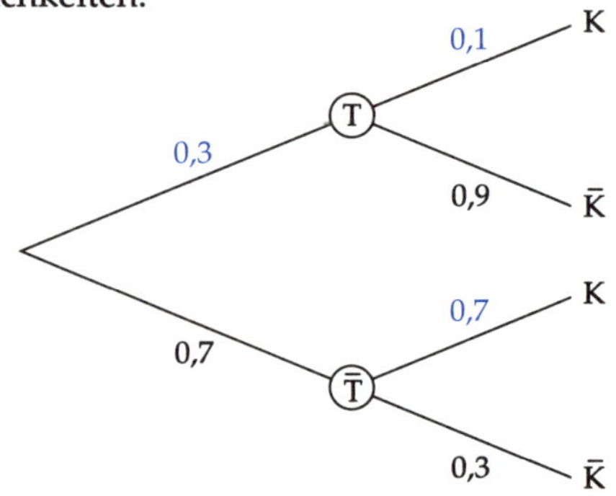

Mit der zweiten Pfadregel erhalten wir jetzt für die gesuchte Wahrscheinlichkeit:

$$P(\overline{\mathrm{K}}) = 0{,}3 \cdot 0{,}9 + 0{,}7 \cdot 0{,}3 = 0{,}48$$
$$P(\overline{\mathrm{K}}) = 48\,\%$$

3. c) Das vorliegende Zufallsexperiment besteht im Feststellen der Anzahl von Gästen, die einen Kaffee trinken, unter 100 Gästen, die ein Tagesmenü bestellt haben.

Alle Gäste, die das Tagesmenü essen, trinken unabhängig voneinander mit einer Wahrscheinlichkeit von 10 % Kaffee. Bei 100 Gästen, die das Tagesmenü bestellen, entspricht dann das Zufallsexperiment einer Bernoulli-Kette der Länge $n = 100$ mit einer Trefferwahrscheinlichkeit von $p = 0{,}1$. Die Zufallsgröße X für die festgestellte Anzahl ist damit $B_{100;\,0,1}$-verteilt.
Aus dem Erwartungswert $\mu = 100 \cdot 0{,}1 = 10$ folgt dann, dass im Durchschnitt 10 Tagesmenü-Besteller Kaffee trinken.

Gesucht ist die Wahrscheinlichkeit, dass mindestens 3 Personen mehr als erwartet (also mindestens 13 Tagesmenü-Besteller) Kaffee trinken:

$$P(X \geqq 13) = 1 - P(X \leqq 12) \approx$$
$$\approx 1 - 0{,}8018 \quad \text{(Tabellenwert)}$$

$$P(X \geqq 13) \approx 0{,}1982 = 19{,}82\,\%$$

4. Auch die Anzahl X der Hausgäste unter 4 Restaurantbesuchern ist binomialverteilt, da alle 4 Restaurantbesucher unabhängig voneinander mit der Wahrscheinlichkeit p Hausgäste sind.
Genauer: X ist $B_{4;\,p}$-verteilt, wobei wir die Zahl p so zu bestimmen haben, dass der Ausdruck $P(X = 1 \vee X = 2)$ maximal wird.

Wir gehen dabei so vor, dass wir diesen Ausdruck als Funktion von p interpretieren, deren Maximum wir dann bestimmen. Den konkreten Funktionsterm erhalten wir mithilfe der Bernoulli-Formel:

$$P(X=1 \vee X=2) = \binom{4}{1} p^1(1-p)^3 + \binom{4}{2} p^2(1-p)^2 =$$
$$= 4p(1-p)^3 + 6p^2(1-p)^2 = 4p(1-3p+3p^2-p^3) + 6p^2(1-2p+p^2)$$
$$P(X=1 \vee X=2) = 2p^4 - 6p^2 + 4p$$

Mit der Bezeichnung

$$f(p) := 2p^4 - 6p^2 + 4p$$

ist die Zahl $p \in [0; 1]$ (Wahrscheinlichkeiten liegen immer zwischen 0 und 1) gesucht, für welche die Funktion $f(p)$ maximal wird. Wir benutzen also den üblichen Formalismus für Extrema und leiten f ab:

$$f'(p) = 8p^3 - 12p + 4 \qquad f''(p) = 24p^2 - 12$$

Notwendige Bedingung für Extrema

$$f'(p) = 0: \quad 8p^3 - 12p + 4 = 0 \tag{1}$$

Für die Lösungen einer Gleichung 3. Grades $ax^3 + bx^2 + cx + d = 0$ gibt es keine einfache Formel wie bei quadratischen Gleichungen!
Kennen Sie aber eine Lösung x_0 (z. B. durch Probieren), dann lässt sich die Gleichung mittels der Polynomdivision

$$(ax^3 + bx^2 + cx + d) : (x - x_0)$$

auf eine Gleichung 2. Grades zurückführen, auf die Sie dann die bekannte Lösungsformel (Mitternachtsformel) anwenden können.

!

Durch Probieren ergibt sich $p_1 = 1$ als Lösung. Damit folgt mithilfe einer Polynomdivision:

$$\begin{array}{llll}
(8p^3 & & -12p & +4):(p-1) = 8p^2 + 8p - 4 \\
-(8p^3 & -8p^2) & & \\
\hline
 & 8p^2 & -12p & +4 \\
 & -(8p^2 & -8p) & \\
\hline
 & & -4p & +4 \\
 & & -(-4p & +4) \\
\hline
 & & & 0
\end{array}$$

Wir erhalten die restlichen Lösungen von (1) also aus der Gleichung:

$$8p^2 + 8p - 4 = 0$$
$$p_{2,3} = \frac{-8 \pm \sqrt{8^2 - 4 \cdot 8 \cdot (-4)}}{2 \cdot 8}$$
$$p_2 = -\frac{1}{2} + \frac{1}{2}\sqrt{3} \approx 0{,}366 \qquad p_3 = -\frac{1}{2} - \frac{1}{2}\sqrt{3} \approx -1{,}366 \notin [0; 1]$$

Hinreichende Bedingung für Extrema

$$p_1 = 1: \quad f''(p_1) = 24 \cdot 1^2 - 12 = 12 > 0 \quad \Rightarrow \quad \text{Minimum}$$

$$p_2 = -\frac{1}{2} + \frac{1}{2}\sqrt{3}: \quad f''(p_2) \approx -8{,}78 < 0 \quad \Rightarrow \quad \text{Maximum}$$

Damit ist die Wahrscheinlichkeit $P(X = 1 \vee X = 2)$ maximal für:

$$p = -\frac{1}{2} + \frac{1}{2}\sqrt{3} \approx 0{,}366 = 36{,}6\,\%$$

5.

Merke

Nach der Ungleichung von Tschebyschew gilt für eine Zufallsgröße X mit dem Erwartungswert μ und der Varianz σ^2 für jedes $c \in \mathbb{R}^+$:

$$P(|X - \mu| < c) \geqq 1 - \frac{\sigma^2}{c^2}$$

$$P(|X - \mu| \geqq c) \leqq \frac{\sigma^2}{c^2}$$

Um die Tschebyschew'sche Ungleichung anzuwenden, führen wir die Zufallsgröße T_A für die Trinkgeldsumme an einem Abend ein.
Dabei benötigen wir dann den Erwartungswert μ und die Varianz σ^2 von T_A. Diese ermitteln wir aus den gegebenen Angaben für den Mittelwert und die Standardabweichung der Trinkgelder pro Einzelabrechnung.

Merke

Für beliebige Zufallsgrößen X_1 und X_2 gilt für den Erwartungswert der Summe von X_1 und X_2:

$$E(X_1 + X_2) = E(X_1) + E(X_2)$$

Sind X_1 und X_2 zusätzlich stochastisch unabhängig, dann gilt entsprechend für die Varianzen:

$$V(X_1 + X_2) = V(X_1) + V(X_2)$$

Wir bezeichnen die Zufallsgrößen für die Trinkgelder bei den 120 Einzelabrechnungen mit $T_1, T_2, \ldots, T_{120}$. Damit erhalten wir:

$$T_A = T_1 + T_2 + \ldots + T_{120}$$

$$\mu = E(T_A) = E(T_1 + T_2 + \ldots + T_{120}) = E(T_1) + \ldots + E(T_{120})$$

Wegen $E(T_1) = \ldots = E(T_2) = 5$ (die Gäste geben *im Mittel* 5 DM Trinkgeld pro Abrechnung) folgt dann $\mu = 120 \cdot 5 = 600$.

Da $T_1, T_2, \ldots, T_{120}$ laut Aufgabe unabhängig sind, folgt außerdem:

$$\sigma^2 = V(T_A) = V(T_1 + T_2 + \ldots + T_{120}) = V(T_1) + \ldots + V(T_{120}) = 120 \cdot 1{,}5^2 = 270$$

Mit der Ungleichung von Tschebyschew erhalten wir dann:

$$P(570 < T_A < 630) = P(|T_A - 600| < 30) \geqq 1 - \frac{270}{30^2}$$

$$P(570 < T_A < 630) \geqq 0{,}7$$

Das Trinkgeld an diesem Abend liegt also mit einer Wahrscheinlichkeit von mindestens 70% zwischen 570 DM und 630 DM.

6.

Es sei X die Zufallsgröße für die Anzahl der unzufriedenen Gäste.

Die Entscheidungsregel soll folgendermaßen lauten:

> Wenn nur k oder noch weniger Gäste unzufrieden sind, wird die Hypothese H_0 : „Mindestens 4% der Gäste sind unzufrieden" als unzutreffend erachtet (abgelehnt).

Dabei haben wir die Zahl k zu bestimmen. Wir betrachten dazu die vorgegebene Bedingung:

> H_0 soll mit einer Wahrscheinlichkeit von höchstens 5% *irrtümlich* abgelehnt werden.

Das bedeutet: Ist ein Gast *tatsächlich* mit einer Wahrscheinlichkeit von 4% unzufrieden (ist also X $B_{200;\,0{,}04}$-verteilt), dann soll im Fall der Ablehnung ($X \leqq k$) gelten:

$$P(X \leqq k) \leqq 5\% = 0{,}05$$

Mit den Tabellenwerten für die summierte $B_{200;\,0{,}04}$-Verteilung folgt, dass diese Ungleichung für $k \leqq 3$ erfüllt ist.

> Bei Aufgaben, in denen eine Entscheidungsregel bestimmt werden soll, ist immer die Entscheidungsregel mit dem *größtmöglichen* dazugehörigen Ablehnungsbereich gemeint, auch wenn dies nicht immer eindeutig aus der Aufgabenstellung hervorgeht.

Tipp

Den größtmöglichen Ablehnungsbereich der Nullhypothese erhalten wir für $k = 3$ und die Entscheidungsregel lautet damit:

> Wenn nur drei oder noch weniger Gäste unzufrieden sind, wird H_0 als unzutreffend erachtet.

Quellenverzeichnis

A1: Sachsen-Anhalt, Grundkurs 2000
A2: Sachsen-Anhalt, Grundkurs 2000
A3: Baden-Württemberg, Grundkurs 1999
A4: Bayern, Grundkurs 2000
A5: Baden-Württemberg, Grundkurs 1998
A6: Bayern, Grundkurs 1998
A7: Sachsen-Anhalt, Leistungskurs 2000
A8: Baden-Württemberg, Leistungskurs 2000
A9: Bayern, Leistungskurs 2000
A10: Bayern, Leistungskurs 1998
G1: Sachsen-Anhalt, Grundkurs 2000
G2: Sachsen-Anhalt, Grundkurs 1999
G3: Bayern, Grundkurs 2000
G4: Bayern, Grundkurs 1999
G5: Baden-Württemberg, Grundkurs 1998
G6: Baden-Württemberg, Grundkurs 2000
G7: Sachsen-Anhalt, Leistungskurs 2000
G8: Sachsen-Anhalt, Leistungskurs 1999
G9: Baden-Württemberg, Leistungskurs 1999
G10: Baden-Württemberg, Leistungskurs 2000
S1: Sachsen-Anhalt, Grundkurs 2000
S2: Sachsen-Anhalt, Grundkurs 1999
S3: Bayern, Grundkurs 2000
S4: Sachsen-Anhalt, Leistungskurs 1999
S5: Bayern, Leistungskurs 1999

Wir danken dem Bayerischen Staatsministerium für Unterricht und Kultur, dem Kultusministerium Sachsen-Anhalt und dem Oberschulamt Stuttgart für die freundliche Abdruckgenehmigung der Abituraufgaben.

A

Abstand Ebene/Ebene 113
Abstand Punkt/Ebene 79, 89, 108, 114
Additionssatz für Ereignisse 142
Asymptote, horizontal 26, 31, 57
–, senkrecht 13, 57
Auszahlungsbetrag 137

B

Baumdiagramm 131, 146, 154
Bernoulli-Formel 132, 138, 140, 153 ff.
Bernoulli-Kette 138, 140, 147, 152
Berührpunkt 53, 95, 113
Berührung 103
Binomialverteilung 132, 138, 142, 147, 152

D

Definitionslücke 13, 25, 63
Diskriminante 23
Durchstoßpunkt 78, 94

E

e-Funktion 6 ff., 30 ff., 42 ff.
Ebene aufspannen 92, 98, 106
Ebenengleichung 72, 76, 80, 91, 97, 101, 107
Ebenenschar 105 ff.
Entscheidungsregel 157
Erwartungswert 137, 147, 156
Extrempunkt 7, 14, 18, 22, 26, 38, 51, 58
Extremum 10, 36, 155
Extremwertaufgabe 33

F

Funktionenschar 42 ff., 62 ff.

G

ganzrationale Funktion 17 ff.
gebrochenrationale Funktion 12 ff., 24 ff., 62 ff.
geometrischer Ort 87, 104, 107, 122 ff.
Geradenschar 105 ff.
Grenzfläche 30, 56

H

Hauptsatz der Integral- und Differenzialrechnung 40, 67
Hesse'sche Normalenform der Ebene 89, 108, 114
Hochpunkt 14, 19, 51

I

Inkugel 83
Integralfunktion 59
Integration 16, 34, 41, 47, 68
Irrtumswahrscheinlichkeit 157
Iteration 21

K

Kettenregel 38, 40, 50
Kombination ohne Wiederholung 135
Kreismittelpunkt 103
Krümmung 38
Kugelgleichung 83, 93, 101, 109, 112, 114, 129
Kugelmittelpunkt 96, 109, 112, 120, 127
Kugelschar 111 ff.
Kurvendiskussion 17 ff., 49 ff.
Kurvenuntersuchung 50

L

Laplace-Experiment 135, 152
logarithmische Funktion 37 ff., 49 ff., 56 ff.
Lotgerade 84, 94

M

Maximum 33, 36
Maximum, globales 10
Maximum, lokales 14
Mindestensaufgabe 134 ff., 139 ff., 145 ff., 150 ff.
Minimum, lokales 14
Mittelpunkt 82
Monotonie 23, 43, 57, 64

N

Näherung 20, 28
Newton-Verfahren 20
Normale 21, 46
Normalenform der Ebene 72, 76, 80, 88, 101
Normalenvektor 72, 76, 80, 87, 91, 100, 106, 118
Normalverteilung 147, 153
Nullstellenberechnung ganzrationaler Funktionen 18

O

Orthogonalität 73

P

Parallelität 65, 80, 99
Polasymptote 25
Polstelle 13
Produktregel 7, 18, 38, 50, 54
Punkt-Steigungsform 8, 21, 65
Punktabstand 71, 81, 112
Pyramide 89, 97, 108

Q

Quotientenregel 7, 14, 26, 40, 64

R

Randwerte 11, 39, 42, 56, 63
Regel von de l'Hospital 52
Rotationskörper 60

S

Satz vom Nullprodukt 10, 18, 50 f.
Schnittgerade 93, 126
Schnittkreis 94, 101
Schnittkreisebene 103
Schnittpunktberechnung 31, 40, 85, 99
Schnittwinkel 32, 41, 86, 100
Spurgerade 96
Spurpunkt 96, 107, 123
Stammfunktion 16, 28, 40, 54, 62
Standardabweichung 147
Stichprobe 139 ff.
stochastisch unabhängig 140
Substitution 32, 47, 67
Symmetrie 50, 60, 63, 87

T

Tangente 8, 15, 39, 53
Tangentialebene 95, 113
Terrassenpunkt 39
Tschebyschew-Ungleichung 156

U

Umkehrfunktion 60, 67
Umkugel 105

V

Varianz 156
Verteilungsfunktion 147

W

Wachstumsprozess 35
Wahrscheinlichkeit, bedingte 131, 146, 153
Wahrscheinlichkeitsverteilung 136, 142, 147
Wendepunkt 19, 21, 27, 39, 44, 51, 65
Wendestelle 53, 65
Wendetangente 45, 65
windschiefe Geraden 77
Winkel Gerade/Ebene 92
Winkel zw. Ebenen 70, 101, 110
Winkel zw. Vektoren 71

Z

Zerfallsprozess 35
Ziehen mit Zurücklegen 154
Zufallsgröße 137 f., 143, 156 f.